Forschungsberichte · Band 20

**Berichte aus dem
Institut für Werkzeugmaschinen
und Betriebswissenschaften
der Technischen Universität München**

Herausgeber: Prof. Dr.-Ing. J. Milberg

Peter Kirchknopf

Ermittlung modaler Parameter aus Übertragungsfrequenzgängen

Mit 57 Abbildungen

Springer-Verlag
Berlin Heidelberg New York
London Paris Tokyo 1989

Dipl.-Ing. Peter Kirchknopf
Institut für Werkzeugmaschinen und Betriebswissenschaften (iwb), München

Dr.-Ing. J. Milberg
o. Professor an der Technischen Universität München
Institut für Werkzeugmaschinen und Betriebswissenschaften (iwb), München

D 91

ISBN-13: 978-3-540-51724-5   e-ISBN-13: 978-3-642-75093-9
DOI: 10.1007/978-3-642-75093-9

Gesamtherstellung: Hieronymus Buchreproduktions GmbH, München
2362/3020-543210

Geleitwort des Herausgebers

Die Verbesserung von Fertigungsmaschinen, Fertigungsverfahren und Fertigungsorganisation im Hinblick auf die Steigerung der Produktivität und die Verringerung der Fertigungskosten ist eine ständige Aufgabe der Produktionstechnik. Die Situation in der Produktionstechnik ist durch abnehmende Fertigungslosgrößen und zunehmende Personalkosten sowie durch eine unzureichende Nutzung der Produktionsanlagen geprägt. Neben den Forderungen nach einer Verbesserung von Mengenleistung und Arbeitsgenauigkeit gewinnt die Steigerung der Flexibilität von Fertigungsmaschinen und Fertigungsabläufen immer mehr an Bedeutung. In zunehmendem Maße werden Programme, Einrichtungen und Anlagen für rechnergestützte und flexibel automatisierte Produktionsabläufe entwickelt.

Ziel der Forschungsarbeiten am Institut für Werkzeugmaschinen und Betriebswissenschaften an der TU München (iwb) ist die weitere Verbesserung der Fertigungsmittel und Fertigungsverfahren im Hinblick auf eine Optimierung von Arbeitsgenauigkeit und Mengenleistung der Fertigungssysteme. Dabei stehen Fragen der anforderungsgerechten Maschinenauslegung sowie der optimalen Prozeßführung im Vordergrund. Ein weiterer Schwerpunkt ist die Entwicklung fortgeschrittener Produktionsstrukturen und die Erarbeitung von Konzepten für die Automatisierung des Auftragsdurchlaufs. Das Ziel ist eine Integration der technischen Auftragsabwicklung von der Konstruktion bis zur Montage.

Die im Rahmen dieser Buchreihe erscheinenden Bände stammen thematisch aus den Forschungsbereichen des iwb: Fertigungsverfahren, Werkzeugmaschinen, Fertigungs- und Montageautomatisierung, Betriebsplanung sowie Steuerungstechnik und Informationsverarbeitung. In ihnen werden neue Ergebnisse und Erkenntnisse aus der praxisnahen Forschung des iwb veröffentlicht. Diese Buchreihe soll dazu beitragen, den Wissenstransfer zwischen dem Hochschulbereich und dem Anwender in der Praxis zu verbessern.

Joachim Milberg

Vorwort

Die vorliegende Dissertation entstand während meiner Tätigkeit als wissenschaftlicher Mitarbeiter am Institut für Werkzeugmaschinen und Betriebswissenschaften (iwb) der Technischen Universität München.

Mein Dank gilt besonders Herrn Prof. Dr.-Ing. J. Milberg, dem Institutsleiter, der mir die Bearbeitung dieses Themenkreises ermöglichte und meine Arbeit durch wertvolle Anregungen und kritische Hinweise stets wohlwollend unterstützte.

Herrn Prof. Dr.-Ing. M. Weck danke ich für die Übernahme des zweiten Korreferats und für das meiner Arbeit entgegengebrachte große Interesse, sowie für weiterführende Gedanken und die aufmerksame Durchsicht der Abhandlung.

Darüberhinaus möchte ich mich bei allen Mitarbeiterinnen und Mitarbeitern des Instituts, Studentinnen und Studenten herzlich bedanken, die mich bei der Erstellung der Arbeit unterstützt haben. So gilt mein besonderer Dank Herrn P. Eibelshäuser für die langjährige erfolgreiche Zusammenarbeit auf dem Gebiet der experimentellen Modalanalyse, den Herren H. Lysen und Dr. H. Summer für die zahlreichen kritischen Anregungen und den Herren C. Lang und V. Trucks für die sorgfältige Durchsicht der Arbeit.

München im Juli 1989   *Peter Kirchknopf*

Inhaltsverzeichnis

0.   Zeichen und Einheiten

Bei verallgemeinerten Zeichen wird die Einheit durch * gekennzeichnet, da beliebige Dimensionen zugelassen sind. Im Text können lokal vereinbarte Zeichen von den hier aufgelisteten abweichen.

0.1.   Kleine und große lateinische Buchstaben

Zeichen	Einheit	Bezeichnung
$\underline{A}$	$\mathrm{ms^{-2}N^{-1}}$	Beschleunigbarkeit
$\underline{A}_e$	$\mathrm{ms^{-2}N^{-1}}$	Kenn-Beschleunigbarkeit
a	*	Koeffizient
a_e	$(\mathrm{ms^{-2}N^{-1}})^{1/2}$	Kenn-Beschleunigbarkeits-Wurzel
$\underline{B}$	$\mathrm{ms^{-1}N^{-1}}$	Beweglichkeit
$\underline{B}_e$	$\mathrm{ms^{-1}N^{-1}}$	Kenn-Beweglichkeit
$\underline{B}_{(e)}$	$\mathrm{ms^{-1}N^{-1}}$	Standardfunktion der Beweglichkeit
b	*	Koeffizient
b_e	$(\mathrm{ms^{-1}N^{-1}})^{1/2}$	Kenn-Beweglichkeits-Wurzel
$\underline{C}_e$	$\mathrm{Nsm^{-1}}$	modale Dämpfung
c	$\mathrm{Nsm^{-1}}$	Dämpfungsbeiwert eines Einmassensystems
c_i	$\mathrm{Nsm^{-1}}$	i-ter diskreter Dämpfer einer Struktur
$\underline{D}$	*	Differenzfunktion
D_e	-	*Lehr*'sche Dämpfung
d_e	-	Strukturdämpfung
F	N	Kraft
f	$\mathrm{s^{-1}}$, Hz	Frequenz
f_e	$\mathrm{s^{-1}}$, Hz	Eigenfrequenz des ungedämpften Systems
$\underline{G}$	*	Systemverhältnis, Übertragungsfunktion, Frequenzgang
$\underline{G}(\omega)$	*	Übertragungsfrequenzgang
$\underline{g}(s)$	*	*Laplace*-Transformierte von g(t)
$g(t)$	*	Variable als Funktion der Zeit
$g(\omega)$	*	Frequenzgang
$h(t)$	$\mathrm{ms^{-1}N^{-1}}$	Impulsantwort
J	-	Linearitätsfaktor

j	-	imaginäre Einheit, $j^2 = -1$
$\underline{K}_e$	Nm^{-1}	modale Feder
k	Nm^{-1}	Federbeiwert eines Einmassensystems
k	-	Laufparameter
k_e	Nm^{-1}	Federanteil einer entarteten Standardfunktion
k_i	Nm^{-1}	i-te diskrete Feder einer Struktur
k_{IJ}	Nm^{-1}	Federanteil einer Summe entarteter Standardfunktionen
L	-	Iteration
L_p	-*	Norm
$\underline{M}_e$	kg	modale Masse
m	kg	Masse eines Einmassensystems
m	-	Dimension
m_e	kg	Massenanteil einer entarteten Standardfunktion
m_i	kg	i-te diskrete Masse einer Struktur
m_{IJ}	kg	Massenanteil einer Summe entarteter Standardfunktionen
$\underline{N}$	mN^{-1}	Nachgiebigkeit
$\underline{N}_e$	mN^{-1}	Kenn-Nachgiebigkeit
n	-	Dimension
n_e	$(mN^{-1})^{1/2}$	Kenn-Nachgiebigkeits-Wurzel
P_j	*	j-ter Parameter in einer Ausgleichsrechnung
$\underline{P}_n$	$ms^{-1}N^{-1}$	Polynom vom Grad n
p	-	Konvergenzdämpfung
Q	*	Hilfsvariable
q	-	Faktor
R	m	Radius
$\underline{R}$	*	Korrekturglied für Abschneidefehler
$\underline{R}_e$	$ms^{-1}N^{-1}$	Konstante
r	*	Abweichung, Fehler
$\underline{S}_{(B)e}$	-	Standardfrequenzgang der Beweglichkeit (viskose Dämpfung)
$\underline{s}$	$rad\ s^{-1}$	*Laplace*-Operator
s	*	Ortskurvenbogenlänge
T	s	Periodendauer

t	s	Zeit
$u(t)$	*	*Heaviside*-Funktion
U_e	ms^{-1}N^{-1}	Realteil eines Residuums
V	*	Varianz
V_e	ms^{-1}N^{-1}	Imaginärteil eines Residuums
W	-	Isolationsfaktor einer Eigenfrequenz
x	*	Koordinate, Funktion
x	m	Weg
$\dot{x}$	ms^{-1}	Geschwindigkeit
$\ddot{x}$	ms^{-2}	Beschleunigung
y	*	Koordinate, Funktion
y_s	*	Regressionsfunktion
z	*	Koordinate
$\underline{z}$	*	komplexe Variable

0.2.   Kleine und große griechische Buchstaben

α	rad	Winkel
β	rad	Winkel
Δ_q	-	mittlere quadratische Abweichungswurzel, 'Abweichung'
δ_{ek}	-	bezogener logarithmischer Eigenfrequenzabstand
Λ_e	rad s^{-1}	Eigenwert
λ_e	rad^2 s^{-2}	Eigenwert
ν_e	rad s^{-1}	Eigenkreisfrequenz des gedämpften Systems
ρ	rad s^{-1}	Dämpfungsmaß
σ_e	rad s^{-1}	Abklingkoeffizient
φ	rad	Winkel, Frequenzgang der Phase
ω	rad s^{-1}	Kreisfrequenz
ω_e	rad s^{-1}	Eigenkreisfrequenz des ungedämpften Systems

0.3. Indices

e	Ordnungszahl zur Kennzeichnung der e-ten Eigenschwingung
I	I-te Stelle an einem Objekt
i	Frequenzstützstelle
j	Stützstelle einer Funktion
J	J-te Stelle an einem Objekt
k	Kennzeichnung einer Eigenschwingung
L	Iteration
n	Grad eines Polynoms, Anzahl der Frequenzstützstellen
o	obere Frequenzgrenze
p	Norm
u	untere Frequenzgrenze

0.4. Kennzeichnungen

$\underline{E}$	komplexe Zahl
$\hat{E}$	Amplitude eines sinusförmigen Signals
$|E|$	Betrag einer (komplexen) Zahl
E'	Kennzeichnung für strukturgedämpfte Systeme
$E^{(')}$	Kennzeichnung für Systeme, die struktur- oder viskos gedämpft sind
$\mathrm{Re}(\underline{E})$	Realteil einer komplexen Zahl, Vektor, Matrix
$\mathrm{Im}(\underline{E})$	Imaginärteil einer komplexen Zahl, Vektor, Matrix
E^*	konjugiert komplex
$\overline{E}$	Mittelwert
$E_{(B)}$	beweglichkeitsnormiert (Modalmatrix, Eigenvektoren)
$E_{(B)}$	beweglichkeitsbezogen (Standardfunktion, -frequenzgang)
$\{E\}$	Vektor
$[E]$	Matrix
$\|E\|$	Norm
$[E]^t$	transponierte Matrix
DF	diskrete *Fourier*-Transformation
DH	diskrete *Hilbert*-Transformation

F	*Fourier*-transformierte
H	*Hilbert*-transformierte
H$_c$	kausal *Hilbert*-transformierte
H$_e$	erweitert *Hilbert*-transformierte
diag[E]	Diagonalmatrix
rang[E]	Rang einer Matrix
sgn(E)	Signum-Funktion
Pf(E)	Pseudofunktion
$\dot{e}$	erste Ableitung nach der Zeit (bei zeitabhängigen Größen)
$\ddot{e}$	zweite Ableitung nach der Zeit (bei zeitabhängigen Größen)
*	Faltungssymbol

0.5.   Vektoren und Matrizen

Komplexe Matrizen und Vektoren können auch reell auftreten.

$\{a\}$	*	Lösungsvektor eines linearen Gleichungssystems
$[\underline{a}]$	$(\text{ms}^{-2}\text{N}^{-1})^{1/2}$	Modalmatrix der Kenn-Beschleunigbarkeits-Wurzeln
$[\underline{b}]$	$(\text{ms}^{-1}\text{N}^{-1})^{1/2}$	Modalmatrix der Kenn-Beweglichkeits-Wurzeln
$[C]$	$\text{ms}^{-1}\text{N}^{-1}$	Dämpfungsmatrix
$\{F\}$	N	Kraftvektor
$[\text{I}]$	-	Einheitsmatrix
$[\underline{K}]$	mN^{-1}	Federmatrix, bei Strukturdämpfung komplex
$[M]$	kg	Massenmatrix
$[\underline{n}]$	$(\text{mN}^{-1})^{1/2}$	Modalmatrix der Kenn-Nachgiebigkeits-Wurzeln
$[\underline{P}]$	*	Hilfsmatrix
diag[$\underline{p}$]	*	diagonalisierte Hilfsmatrix
$[\underline{Q}]$	*	Hilfsmatrix
diag[$\underline{q}$]	*	diagonalisierte Hilfsmatrix
$\{r\}$	*	Fehlervektor, Vektor der Abweichungen
$[X]$	*	Koeffizientenmatrix eines linearen Gleichungssystems
$[\underline{X}]$	*	Modalmatrix
$\{x\}$	*	Vektor
$\{y\}$	*	Vektor

$\{\underline{X}_e\}$	*	Eigenvektor
$[\underline{\phi}]$	*	Eigenvektormatrix
$[\underline{\Psi}]$	*	Modalmatrix
$[\underline{\Lambda}]$	rad s^{-1}	Spektralmatrix (Eigenwertmatrix)
$[\underline{\lambda}]$	rad^2 s^{-2}	Spektralmatrix (Eigenwertmatrix)

1. Einleitung

1.1. Allgemeines

Die Kenntnis und Beurteilung des Eigenschwingungsverhaltens mechanischer Objekte
spielt seit Anfang der fünfziger Jahre auch im Werkzeugmaschinenbau eine zunehmende Rolle. Ursache hierfür sind Forderungen nach größerer Leistung, Genauigkeit und
Wirtschaftlichkeit in der Produktion.

Eine Maschine, die in einer bestimmten Konfiguration ein günstiges dynamisches Verhalten aufweist, kann bei Ausrüstung mit einem anderen Antrieb oder bei Konstruktionsänderungen bereits mit Störungen reagieren, die in nichtlinearer Weise von diesen
Änderungen abhängen. Die Ursachen hierfür liegen nicht nur in nichtlinearen Zusam-
menhängen der Modellgesetze, sondern auch in der Tatsache, daß manche Störungen
durch instabile Betriebszustände charakterisiert sind. In diesem Fall reichen bereits sehr
kleine Änderungen der Betriebsparameter aus, einen Bearbeitungsvorgang zu destabi-
lisieren.

Die Regelungstechnik bietet zur Beschreibung solcher Zustände geeignete Modelle.
Bild 1.1 zeigt ein lineares Modell, durch welches die meisten Zerspanprozesse von
Werkzeugmaschinen ausreichend beschrieben werden können. Es läßt sich prinzipiell
zur Berücksichtigung weiterer Einflüsse (z.B. Regelverhalten der Vorschubantriebe) erweitern.

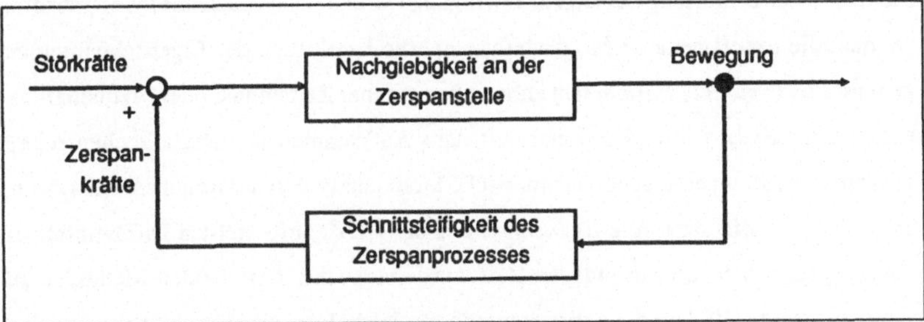

Bild 1.1: Blockschaltplan einer spanenden Werkzeugmaschine [1,2]

Nach Bild 1.1 läßt sich das dynamische Verhalten aufspalten in einen passiven Zweig, der durch das frequenzabhängige Nachgiebigkeitsverhalten der Maschine an der Zerspanstelle definiert ist und einen aktiven Rückkoppelungszweig, durch den die ebenfalls frequenzabhängigen Schnittsteifigkeitsfunktionen [3] beschrieben werden.

Obwohl in den letzten Jahren eine Reihe von Forschungsarbeiten zur Untersuchung dieser Zusammenhänge durchgeführt wurde, ist eine Vorhersage des dynamischen Verhaltens aufgrund vieler Einflußfaktoren, die beide Teilfunktionen in Bild 1.1 betreffen, noch immer schwierig und oft nur mit groben Vereinfachungen möglich. Auf der Seite der Schnittsteifigkeit liegen die Ursachen hierfür in unzureichenden Kenntnissen über den Zerspanprozeß, der einer großen Variationsvielfalt unterliegt und auch von statistisch weit streuenden Materialeigenschaften abhängig ist. Das passive Nachgiebigkeitsverhalten ist dagegen leichter berechen- bzw. meßbar, soweit das Objekt durch ein lineares Modell beschreibbar ist.

Die Beschreibung des passiven dynamischen Verhaltens mechanischer Systeme durch ihre Eigenschwingungen stellt eine übersichtliche, kompakte und leistungsfähige Methode dar, dynamische Probleme an Werkzeugmaschinen aufzuzeigen und zu diskutieren. Sie ist in vielen Fällen die Voraussetzung für eine *Schwachzonenanalyse*, d.h. sie liefert die Basis für Methoden, die eine Steifigkeitsoptimierung bei möglichst geringem zusätzlichen Materialaufwand am Objekt zum Ziel haben.

Eine wesentliche Unterscheidung muß zwischen rechnerischen und experimentellen Methoden zur Ermittlung des Eigenschwingungsverhaltens (=*Modalanalyse*) getroffen werden: die experimentelle Modalanalyse hat die Ermittlung der Eigenschwingungskenngrößen (=*modale Parameter*) anhand gemessener Zeitsignale oder Frequenzfunktionen zum Ziel, während die erst seit dem Aufkommen der Digitalrechentechnik größere Bedeutung erlangende rechnerische Modalanalyse in der Regel auf der Lösung von z.B. mit Hilfe der *Finite-Elemente-Methode (FEM)* aufgestellten Differentialgleichungssystemen beruht. In jüngster Zeit wurde versucht, diese beiden Methoden zusammenzufassen, indem die experimentelle Modalanalyse zur Korrektur des physikalischen Rechenmodells herangezogen wird (*Updating*), da sich die Auswirkung von Konstruktionsänderungen dann leichter vorhersagen läßt (*Empfindlichkeitsanalyse*).

Obwohl diese Methoden bereits seit längerer Zeit vor allem in der Luft- und Raumfahrtindustrie eingesetzt werden, gestaltet sich eine Übernahme in den Bereich Werkzeugmaschinen schwierig. Grund hierfür mag vor allem der hohe Aufwand solcher Untersuchungen sowie die Komplexität der aus vielen Einzelkomponenten bestehenden mechanischen Struktur der meisten Werkzeugmaschinen sein.

Um diese Problematik zu veranschaulichen, sei als Anwendungsbeispiel für eine experimentelle Modalanalyse eine Bettfräsmaschine herangezogen. Sie ist in **Bild 1.2** stilisiert, d.h. als dreidimensionales Drahtmodell dargestellt.

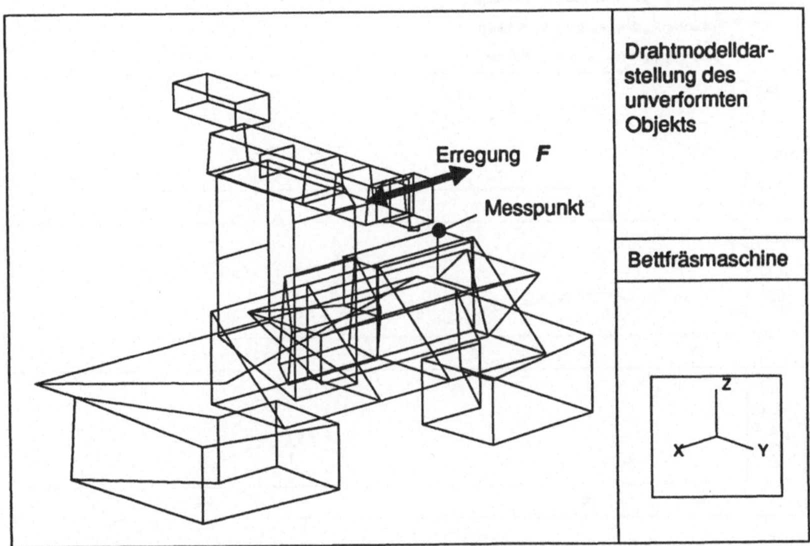

Bild 1.2: Drahtmodelldarstellung einer NC-Bettfräsmaschine

Für eine experimentelle Modalanalyse ist eine geeignete Erregung z.B. mit einer sinusförmigen Wechselkraft F an einer sorgfältig auszuwählenden Stelle so durchzuführen, daß die interessierenden Eigenschwingungsformen der Maschine möglichst gut angeregt werden. Zur Ermittlung der frequenzabhängigen Antwortsignale des Systems ist es notwendig, an möglichst vielen Stellen die resultierenden Bewegungen zu messen und diese mit der Eingangsgröße Kraft in ein Verhältnis zu setzen. Wenn die Bewegung hierbei als Geschwindigkeit vorliegt, dann ergeben sich Beweglichkeitsfrequenzgänge, die als Ausgangspunkt für die Ermittlung der modalen Parameter des Objekts dienen können.

Für die in Bild 1.2 idealisiert dargestellte Maschine sind als Beispiel in **Bild 1.3** drei Übertragungsfrequenzgänge gezeigt, die mit der in Bild 1.2 gekennzeichneten Erregung an dem ebenfalls markierten Meßpunkt in drei orthogonalen Richtungen x, y und z gemessen wurden.

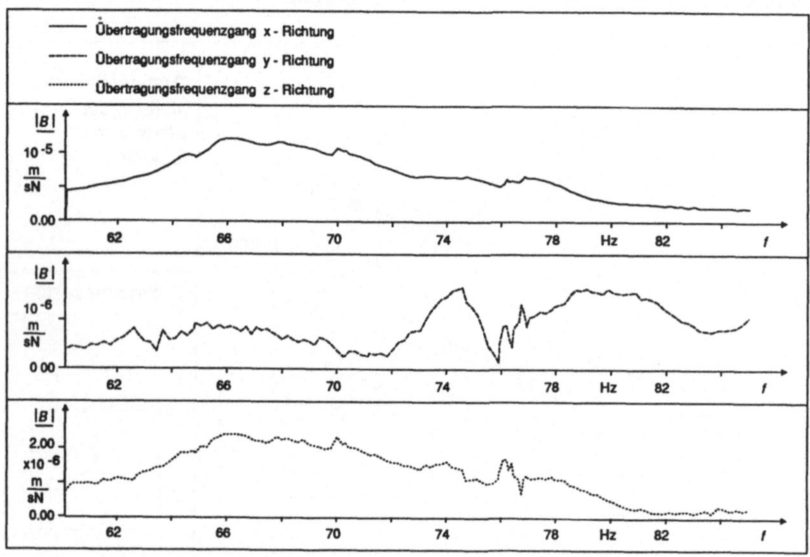

Bild 1.3: Gemessene Beispielfrequenzgänge für den Betrag der Beweglichkeit an der in Bild 1.2 dargestellten Werkzeugmaschine

Die Frequenzgänge sind durch einen sehr kompakten Verlauf gekennzeichnet, der durch eine große Anzahl von Eigenschwingungen in dem kleinen Frequenzbereich von 60 - 84 Hz hervorgerufen wird. Die **Tabelle 1.1** der zugehörigen modalen Parameter der Maschine (ermittelt nach den in Abs.4. beschriebenen Methoden) zeigt, daß in diesem Bereich 11 Eigenfrequenzen feststellbar sind, die z.T. sehr geringe Frequenzabstände aufweisen.

Nr.	Eigenfrequenz	*Lehr*'sche Dämpfung	Relativ-Resonanznachgiebigkeit an der Zerspanstelle der Maschine $\mid \underline{N}_{e,rel} \mid$ / m N^{-1}		
e	f_e / Hz	D_e / %	x	y	z
1	64,41	0,99	$3{,}26 \ 10^{-08}$	$9{,}46 \ 10^{-11}$	$1{,}38 \ 10^{-11}$
2	66,14	2,12	$2{,}57 \ 10^{-07}$	$7{,}88 \ 10^{-10}$	$1{,}85 \ 10^{-10}$
3	67,88	2,42	$1{,}25 \ 10^{-07}$	$8{,}40 \ 10^{-10}$	$3{,}13 \ 10^{-10}$
4	68,86	1,97	$1{,}58 \ 10^{-08}$	$7{,}22 \ 10^{-11}$	$2{,}78 \ 10^{-11}$
5	70,24	1,35	$2{,}44 \ 10^{-08}$	$1{,}08 \ 10^{-10}$	$5{,}02 \ 10^{-11}$
6	73,10	1,49	$9{,}39 \ 10^{-08}$	$1{,}01 \ 10^{-10}$	$1{,}02 \ 10^{-11}$
7	75,80	0,57	$1{,}34 \ 10^{-07}$	$1{,}64 \ 10^{-10}$	$5{,}75 \ 10^{-09}$
8	76,13	2,09	$2{,}78 \ 10^{-07}$	$2{,}82 \ 10^{-10}$	$2{,}71 \ 10^{-09}$
9	76,71	0,77	$9{,}84 \ 10^{-08}$	$2{,}12 \ 10^{-10}$	$8{,}47 \ 10^{-10}$
10	77,50	1,15	$4{,}59 \ 10^{-08}$	$6{,}05 \ 10^{-11}$	$1{,}37 \ 10^{-09}$
11	78,86	2,28	$4{,}84 \ 10^{-08}$	$2{,}03 \ 10^{-09}$	$2{,}19 \ 10^{-09}$

Tabelle 1.1: Eigenfrequenzen, Dämpfungen und Relativ-Resonanznachgiebigkeiten (Differenz der absoluten Nachgiebigkeiten bei der Eigenfrequenz der jeweiligen Standardfunktion an der Zerspanstelle) der Werkzeugmaschine nach Bild 1.2

Aus der Tatsache, daß das in Bild 1.3 dargestellte Verhalten auch durch Nichtlinearitäten und Meßfehler statistischer und systematischer Natur beeinflußt ist, kann auf die Schwierigkeit der Ermittlung der modalen Parameter anhand solcher Frequenzgänge geschlossen werden.

Da Frequenzgänge, die durch komplizierte modale Zusammenhänge charakterisiert sind, bei Werkzeugmaschinen keine Einzelfälle darstellen, müssen bei einer Modalanalyse sowohl auf meßtechnischer als auch auf rechnerischer Seite leistungsfähige Methoden herangezogen werden, um brauchbare Ergebnisse zu erhalten. Einfache Auswerteverfahren, die nicht mehrere Eigenschwingungen parallel berücksichtigen können und nicht in der Lage sind, Mittelwertbildungen für die Eigenwerte über alle verfügbaren Frequenzgänge eines Objekts durchzuführen, erweisen sich in der praktischen Anwendung häufig als unbrauchbar.

Obwohl heute eine ganze Reihe von Verfahren der experimentellen Modalanalyse zur Verfügung steht, ist weitere Forschung auf diesem Gebiet notwendig, da bislang keine Methode bekannt ist, die unter allen Bedingungen bei Werkzeugmaschinen optimale Ergebnisse liefert.

Aus den genannten Gründen soll in dieser Arbeit speziell auf eine Methode zur experimentellen Modalanalyse und auf deren Anwendung auch in schwierigen Fällen, z.B. bei nichtlinearem Systemverhalten, näher eingegangen werden.

1.2. Stand der Technik

1.2.1. Methoden zur Ermittlung modaler Parameter anhand gemessener Systemgrößen

Anwendungen der experimentellen Modalanalyse im Bereich Werkzeugmaschinen sind bereits seit den fünfziger Jahren bekannt [4,5]. Zur Messung des Übertragungsverhaltens wurden ausschließlich Sinussignale verwendet. Das Prinzip zur Ermittlung der modalen Parameter bestand hierbei in der Anwendung der *Sinusreinerregungsmethode* [6], heute meist *Phasenresonanzverfahren* [7] genannt.

Dieses Verfahren, das schon früher in der Luftfahrtindustrie zur Messung des Eigenschwingungsverhaltens herangezogen wurde, hat dort auch heute noch die größte Bedeutung, da es bei sorgfältiger Anwendung sehr genaue Ergebnisse liefert. Das Meßprinzip beruht auf der Forderung, daß für jede Eigenfrequenz ein Erregerkraftvektor zur Verfügung steht, so daß die betreffende Eigenschwingungsform *rein*, d.h. ohne Überlagerungsanteile anderer Eigenschwingungen einstellbar ist. Die Messung eines kompletten Frequenzgangs ist hierbei nicht erforderlich, zur Ermittlung der Dämpfung genügt das Messen bei einzelnen Frequenzen in der Nähe der Eigenfrequenzen.

Die Einfachheit im Rechenaufwand wird bei dieser Methode durch einen hohen experimentellen Aufwand bei der Bestimmung der Erregerkraftvektoren erkauft, wenn sich Eigenschwingungen stark überlagern. Das Vorgehen zur Ermittlung dieser Vektoren ist grundsätzlich iterativ, d.h. die Vektoren werden solange geändert, bis sich Reinerregung einstellt. Zur Anwendung sollten, soweit möglich, Apriori-Kenntnisse über das System genutzt werden. Ein wesentlicher Vorteil dieses Verfahrens besteht in der Möglichkeit der Anwendung auf nichtlineare Systeme, da das Verschiebungsniveau der Meßpunkte über die Steuerung der Erregerkraftamplituden konstant gehalten werden kann [7].

Bei Werkzeugmaschinen sind mit diesem Verfahren bereits bei ein oder zwei Erregern gute Resultate zu erzielen. Es scheint prädestiniert für die Untersuchung des Verhaltens einzelner Bauteile. Mit den heutigen Grafikanimationsmöglichkeiten digitaler Rechner kann sogar bei Anwendung der Sinuserregung in manchen Fällen auf eine Reinerregung der Eigenschwingungsformen verzichtet werden, da das gemessene Verhalten eines Objekts bei jeder beliebigen Frequenz nach Betrag und Phase anschaulich darstellbar ist.

Mit zunehmendem Einsatz der analogen und digitalen Rechentechnik wurden Methoden zur *Ermittlung modaler Parameter anhand gemessener Frequenzgänge* entwickelt. Da die Forderung nach einer experimentellen Separation der Eigenformen hierbei mehr oder weniger fallengelassen wurde, muß eine Trennung auf rechnerischem Wege, d.h. bei der Auswertung der Messungen erfolgen (*Phasentrennungstechnik*). Parallel hierzu ergaben sich auch Möglichkeiten der *Ermittlung modaler Parameter anhand gemessener Zeitverläufe*. Auf diesen Gebieten wurde in den letzten Jahren eine ganze Reihe von Verfahren entwickelt.

Die Vielzahl und Variation dieser Verfahren macht eine Klassifikation schwierig. Eine Möglichkeit besteht in der Zuordnung der Verfahren nach der Meßwerterfassung. Mit dieser Methode läßt sich eine Einteilung einiger wichtiger Verfahren nach [8] wie folgt angeben (Literaturangaben teilweise nach [8]):

- Messung des Übertragungsverhaltens an einigen Frequenzstützstellen mit Sinussignalen (eingeschwungener Zustand):

  Sinus-Reinerregung (Phasenresonanzverfahren) [6,8]

  Forced Deformation Vector Method [9,10,11,12,13]

- Messung des Übertragungfrequenzgangs

  Orthogonal Polynomial [14,15]

Global Orthogonal Polynomial [16,17]

Polyreference Frequency Domain [18,19]

- Messung einer Impulsantwort oder des Ausschwingverhaltens des freien Systems

  Least Squares Complex Exponential [20,21]

  Ibrahim Time Domain [22,23]

  Polyreference Time Domain [24]

  Eigensystem Realization Algorithm [25,26]

- Allgemeines Modell für die Beziehung zwischen Ein- und Ausgangsgrößen eines Systems (Zeit- oder Frequenzbereich)

  Autoregressive Moving Average (ARMA) [27,28]

  Reduced Structural Matrix [29,30]

Ein Großteil dieser Verfahren ist heute in Standardsoftware- Analysepaketen implementiert. Darüberhinaus sind weitere numerische Verfahren bekannt, die eine geringere Verbreitung erfuhren:

In [31] bzw. [7] werden Phasentrennungsverfahren vorgeschlagen, die besonders bei stark überlagerten Eigenschwingungen Vorteile bieten sollen. Ein im Frequenzbereich arbeitendes Iterationsverfahren [32] führt die nichtlineare Problemstellung auf eine lineare durch sukzessive Differenzfrequenzgangbildung zurück. In [33] ist ein Verfahren angegeben, bei dem die Antworten mehrerer Strukturpunkte gleichzeitig ausgewertet werden, wodurch jeweils nur zwei Unbekannte (Eigenfrequenz und Dämpfung) auftreten. In [34] werden 2 Frequenzbereichsverfahren vorgestellt, die auf einer Ortskurvenanpassung beruhen.

Die drei in [35] vorgeschlagenen Verfahren arbeiten alle auf der Basis der Methode der kleinsten Fehlerquadrate. In [36] wird ein Verfahren speziell zur Ermittlung der Eigenfrequenzen anhand gemessener Frequenzgänge vorgestellt. Drei weitere Methoden [37], die ebenfalls im Frequenzbereich arbeiten, basieren auf einer analytischen Erweiterung der Übertragungsfunktion, auf einer speziellen Integraltransformation bzw. Orthogonalisierung der Verformungsvektoren. Ein neueres im Zeitbereich arbeitendes Verfahren ist in [38] beschrieben. Es zeichnet sich dadurch aus, daß nicht - wie üblich - Impulsantworten sondern die diskretisierten Zeitverläufe erzwungener Schwingungen zur Ermittlung der modalen Parameter herangezogen werden.

Veröffentlichungen [34, 39 bis 47], die einen Vergleich von Parameterschätzverfahren beinhalten, sind vergleichsweise selten, obwohl gerade dies für die Auswahl eines an das Identifikationsproblem angepaßten Verfahrens wichtig wäre, da die oben genannten Identifikationsmethoden zwar in der Regel an einem Beispiel getestet sind, die Ergebnisse dieser Tests jedoch keinen Vergleich der Qualität und Stabilität der Verfahren zulassen.

Bei vielen Verfahren stellt sich das Problem, daß die Anzahl der Parametersätze (Modellordnung) vorgegeben werden muß. Speziell bei potentiell nichtlinearen Systemen tritt die Schwierigkeit auf, zu entscheiden, ob z.B. eine Abweichung einer Beweglichkeitsfunktion vom Verhalten eines Einmassensystems aufgrund einer Nichtlinearität entsteht oder von einer Überlagerung mehrerer Eigenschwingungen mit eng benachbarten Eigenfrequenzen herrührt. [48] enthält hierzu eine Analysemethode.

In neuerer Zeit wurden auch Verfahren bekannt, die eine direkte Identifikation der modalen Parameter vermeiden und stattdessen direkt die Systemparameter ermitteln, anhand derer die modalen Parameter über eine Eigenwertproblemlösung berechenbar sind [7,49,50]. Diese Verfahren werden in vorteilhafter Weise dann eingesetzt, wenn bereits ein *FEM*-Modell des untersuchten Objekts vorliegt.

Es wurden auch verschiedene Versuche vorgenommen, für die berechneten modalen Parameter Gütekriterien einzuführen. In der Regel wird eine Überprüfung der Parameter durch einen Vergleich der gemessenen Funktionen mit den aus den ermittelten Parametern berechneten Frequenzgängen vorgenommen, obwohl dieses Kriterium nicht immer maßgeblich ist, wie noch gezeigt wird. Für einen datenreduzierenden Vergleich von Eigenvektoren bietet sich das *Modal Assurance Criterium* [51] an. Hiermit kann sowohl die lineare Unabhängigkeit von Eigenvektoren eines Systems als auch die Übereinstimmung z.B. von gemessenen und berechneten Eigenvektoren eines Objekts getestet werden. In [52] wird hierzu eine weitere Methode vorgeschlagen.

1.2.2. Berücksichtigung nichtlinearer Objekteigenschaften

Die Praxis zeigt, daß das Verhalten vieler mechanischer Objekte durch Nichtlinearitäten [53] gekennzeichnet ist, die bei Werkzeugmaschinen so groß sein können, daß eine Modalanalyse mit einem beliebigen Auswerteverfahren ohne zusätzliche Maßnahmen keine brauchbaren Ergebnisse liefern würde.

Weiter muß mit Meßfehlern gerechnet werden, die nicht nur etwa wegen mangelnder Auflösungsfähigkeit der Meßapparatur statistischer Natur sind, sondern auch systematische Fehler zur Folge haben können. Hierzu zählt als Beispiel die Rückwirkung eines elektrodynamischen Krafterregers auf das Objekt oder die Querempfindlichkeit und das Resonanzverhalten von Bewegungsaufnehmern.

Während auf der Seite der Meßtechnik durch eine geeignete Wahl und Anbringung der Meßapparatur prinzipiell Verbesserungsmöglichkeiten bestehen, ist die Berücksichtigung oder Identifikation von Nichtlinearitäten eine ungleich schwierigere Aufgabe [54], zu deren Lösung in der Praxis die folgenden Ziele verfolgt werden:

- Versuch einer vollständigen Identifikation eines nichtlinearen Modells nach Messung des nichtlinearen Übertragungsverhaltens.

- Linearisierung des Systems bei Messung oder Auswertung, eventuell mit anschließender Ermittlung der modalen Parameter.

Das erste Verfahren erfordert einen hohen Aufwand und wird in der Praxis nur bei Modellen mit wenigen Freiheitsgraden angewendet. Neben parametrischen Methoden wurden hier in jüngster Zeit auch vielversprechende nichtparametrische (*Black Box-*) Methoden [55,56] aufgezeigt, die eine Identifikation auch an Systemen mit mehreren Freiheitsgraden ermöglicht. Einfachere parametrische Methoden, die meist auf dem Verhalten eines einläufigen Systems (siehe Abs.2.6.) beruhen [57,58], haben den Vorteil einer besseren Anschaulichkeit, sind jedoch bei mehrläufigen Systemen nur begrenzt anwendbar.

In der Regel wird bei grösseren Untersuchungsobjekten die zweite Methode angewendet, indem ein lineares Verhalten des real nichtlinearen Objekts vorausgesetzt und eine Linearisierung entweder durch Messung, also z.B. durch Wahl eines geeigneten Betriebspunktes, oder durch ein Verfahren zur Ermittlung der modalen Parameter im Zeit- oder Frequenzbereich erreicht wird.

Bei der Messung von Frequenzgängen haben die heute üblichen Anregungssignale unterschiedliche Linearisierungseigenschaften. Besonders positiv werden hierbei oft die Rauscherregungssignale beurteilt. Nachteile wie *Leakage-*, *Antialiasing-* und *Kohärenzfehler* oder die Tatsache, daß bei nichtlinearen Objekten Rauschen auch durch Mittlung der Messungen nicht eliminiert werden kann [59] und die Kohärenzfunktion nicht zur Identifikation von Nichtlinearitäten geeignet ist [60], stellen eine Anwendung bei höheren Genauigkeitsansprüchen in Frage. Zudem ist die Art der Linearisierung nicht definiert zu beschreiben. Andere breitbandige Anregungssignale wie Stoßerregung (*Impact*) oder schnellgleitender Sinus (*Sweep*) weisen dagegen mangelhafte Linearisierungseigenschaften auf [60].

Zur Transformation der oben genannten Signale in den Frequenzbereich dient in der Praxis meist die *Fast-Fourier-Transformation (FFT)*. Die oben genannten Fehler können jedoch bei einer gestuften Sinuserregung mit Frequenzgangermittlung durch ein Korrelationsverfahren [61], welches im Prinzip auf einer Fourieranalyse basiert und für jede Frequenz diskret angewendet wird, weitgehend vermieden werden (siehe Abs.2.2.).

1.3.   Zielsetzung der Arbeit

Die experimentelle Modalanalyse hat sich im Werkzeugmaschinenbau als unverzichtbares Hilfsmittel zur Optimierung des dynamischen Verhaltens etabliert. Obwohl heute versucht wird, das Gesamtverhalten von Maschinen mit modernen Berechnungsmethoden wie der Finite-Element-Methode auf Großrechenanlagen zu ermitteln, so wird dadurch die Bedeutung der experimentellen Analyse nicht verringert, weil diese Berechnungen sehr aufwendig und trotzdem fehlerbehaftet sind und viele Unsicherheiten vor allem an Bauteilschnittstellen (Fugenverbindungen usw.) existieren. In Zukunft werden daher vorrangig Methoden Bedeutung erhalten, die auf einer Kombination und

Ergänzung von experimenteller und rechnerischer Analyse beruhen. Die Entwicklung auf dem Gebiet der Digitalrechnertechnik eröffnet heute ständig neue, erweiterte Möglichkeiten. Der Trend zu immer kleineren, leistungsfähigeren Einheiten führte zu der Entwicklung der *Personal-Computer (PC)* nach Industriestandard, deren neuere Generation mit 32-Bit-Architektur die Leistungsfähigkeit früherer Minicomputer übertrifft. Unter Berücksichtigung dieser neuen Situation soll ein Konzept zur Integration von Meßtechnik und Auswertesoftware für dynamische Untersuchungen an Werkzeugmaschinen und zur Durchführung von Modalanalysen realisiert werden. Hierfür werden im Rahmen dieser Arbeit im wesentlichen zwei Teilziele verfolgt, wobei das erste Teilziel aus den in Abs.1.1. genannten Gründen den Schwerpunkt der Arbeit darstellen soll:

- Weiterentwicklung eines Verfahrens zur Ermittlung modaler Parameter aus gemessenen Beweglichkeitsfunktionen [32]. Vorbedingung ist, daß das Verfahren die durch die Hardware gegebenen Möglichkeiten optimal nutzen soll. Eine weitere Forderung betrifft die Einsatzfähigkeit auch unter schwierigen Randbedingungen, wie sie z.B. bei einer Modalanalyse an Zahnradgetrieben auftreten. Da zur Messung der Frequenzgänge eine gestufte Sinuserregung mit variabler, an den Funktionsverlauf angepaßter Frequenzschrittweite gewählt wird, soll das Auswerteverfahren die besonderen Eigenschaften so gemessener Frequenzgänge nutzen können.

- Das zweite Ziel dieser Arbeit betrifft die Kontrolle und Berücksichtigung von Nichtlinearitäten bei der Durchführung von experimentellen Modalanalysen. Hierfür sollen Methoden zur Identifikation von Nichtlinearitäten in Systemen mit vielen Freiheitsgraden besprochen werden. Weil die meisten Verfahren zur Ermittlung modaler Parameter auf Nichtlinearitäten empfindlich mit Fehlern oder Instabilitäten reagieren, kommt der Linearisierung der Funktionen vor der Auswertung eine große Bedeutung zu. Insbesondere soll dabei auch untersucht werden, ob die *kausale Hilbert-Transformation* zur Lösung dieser Problematik ein geeignetes Hilfsmittel ist.

Die angewendeten Grundlagen und Verfahren werden ausführlich dokumentiert, um sie Anwendern zur Verfügung zu stellen und die Nachvollziehbarkeit zu garantieren.

2.　Theoretische Grundlagen

2.1.　Definitionen und Voraussetzungen

- *System:*

  Gemeint ist in diesem Zusammenhang eine Menge von miteinander in gesetzmäßiger Beziehung stehenden Komponenten [62]. Mit der theoretischen Systemanalyse wird versucht, ein physikalisches bzw. mathematisches Modell (Struktur) dieses Systems zu erhalten, das *Ersatzsystem* genannt wird.

- *Identifikation:*

  Eine Systemidentifikation dient in erster Linie der Verifizierung und Korrektur eines Rechenmodells, das die theoretische Systemanalyse liefert. Das Verhalten elastomechanischer Systeme kann in vielen Fällen durch ein Ersatzsystem beschrieben werden, das durch Ein- und Ausgangsgrößen veranschaulicht werden kann. Ein- und Ausgangsgrößen sind Ausgangspunkt zur Ermittlung der Modellparameter des Ersatzsystems. Eine Identifikation eines Systems kann jedoch nur dann als erfolgreich angesehen werden, wenn ein durch Vergleich von Versuchs- und Rechenmodell in geeigneter Weise ermittelter Fehler die Gültigkeit des Rechenmodells bestätigt und - soweit es sich um eine parametrische Identifikation handelt - die Parameter des Modells mit hinreichender Genauigkeit berechnet wurden.

- *Linearität:*

  Alle Erörterungen in den nachfolgenden Abschnitten - außer Abs.5. und 6. - beziehen sich auf lineare Systeme bzw. Ersatzsysteme, d.h. es gelten streng proportionale Beziehungen zwischen Ein- und Ausgangsgrößen; sinusförmige Eingangsgrößen haben sinusförmige Ausgangsgrößen zur Folge.

- *Stelle (=Position):*

  Unter dem Begriff *Stelle* soll ein Punkt mit einem zugeordneten translatorischen Freiheitsgrad (Richtung) verstanden werden [32]. Eine Bewegung oder Kraft an einer Stelle ergibt sich daher als Bewegungs- bzw. Kraftkomponente am Punkt und in Richtung der Stelle. Zur Beschreibung der räumlichen Bewegung eines Punktes sind drei nicht in einer Ebene liegende Stellen notwendig.

- *Systemverhältnis:*

Wenn $g_I(t)$ und $g_J(t)$ zwei zeitabhängige Variable sind, die Kräfte oder Bewegungen an einem linearen System repräsentieren, so sei das *Systemverhältnis* (Übertragungsfunktion) durch die Beziehung :

$$\underline{G}_{IJ}(\underline{s}) = \underline{g}_I(\underline{s}) \,/\, \underline{g}_J(\underline{s}) \tag{2.1}$$

definiert. $\underline{g}_I(\underline{s})$ und $\underline{g}_J(\underline{s})$ sind die *Laplace*-transformierten der Funktionen $g_I(t)$ und $g_J(t)$ mit $\underline{s} = \rho + j\,\omega$ als *Laplace*-Operator.

- *Bewegung:*

Der Oberbegriff Bewegung soll in allgemeiner Form verschiedene Ableitungen des Ortes nach der Zeit zusammenfassen. In erster Linie sind also hiermit der *Weg*, die *Geschwindigkeit* und die *Beschleunigung* gemeint.

- *Bewegungssystemverhältnisse:*

Mit den beiden oben definierten Begriffen lassen sich die üblichen *Bewegungssystemverhältnisse* einführen und zwar:

$$\textit{Nachgiebigkeit:} \qquad \underline{N}_{IJ}(\underline{s}) = \underline{x}_I(\underline{s}) \,/\, \underline{F}_J(\underline{s}) \tag{2.2}$$

$$\textit{Beweglichkeit:} \qquad \underline{B}_{IJ}(\underline{s}) = \underline{\dot{x}}_I(\underline{s}) \,/\, \underline{F}_J(\underline{s}) = \underline{s}\,\underline{N}_{IJ}(\underline{s}) \tag{2.3}$$

$$\textit{Beschleunigbarkeit:} \qquad \underline{A}_{IJ}(\underline{s}) = \underline{\ddot{x}}_I(\underline{s}) \,/\, \underline{F}_J(\underline{s}) = \underline{s}^2\,\underline{N}_{IJ}(\underline{s}) \tag{2.4}$$

mit $\underline{F}_J(\underline{s})$ Kraft an einer Stelle J

          $\underline{x}_I(\underline{s})$ Weg an einer Stelle I

          $\underline{\dot{x}}_I(\underline{s})$ Geschwindigkeit an einer Stelle I

          $\underline{\ddot{x}}_I(\underline{s})$ Beschleunigung an einer Stelle I

Ist eines dieser Bewegungssystemverhältnisse bekannt, so lassen sich die übrigen durch einfache Division bzw. Multiplikation mit $\underline{s}$ berechnen. Die Vorteile der *Laplace*-Transformation liegen in der Möglichkeit, im Zeitbereich für jeden beliebigen Kraftverlauf die Systemantworten bei bekanntem Systemverhältnis in einfacher Weise berechnen zu können.

- *Frequenzgang:*

  In vielen praktischen Fällen genügt es, ein Systemverhältnis nur an einigen ausgezeichneten Punkten des Bildraums zu kennen: Eine Sonderstellung nimmt hierbei die $j\omega$-Achse des Bildraums ein, definiert durch $\underline{s} = j\omega$, d.h. $\rho = 0$. Damit werden an- und abklingende Signalanteile ausgeschlossen und das Systemverhältnis beschreibt als Frequenzgang (Gl.2.5) das Objektverhalten bei stationären Signalen. Nachfolgend beziehen sich alle Aussagen zu Systemverhältnissen auf diese Vereinfachung.

$$\underline{G}_{IJ}\,(\omega) = \underline{g}_I\,(\omega)\,/\,\underline{g}_J\,(\omega) \tag{2.5}$$

2.2. Ermittlung des Systemverhältnisses bei einer Frequenz

Zur schrittweisen Ermittlung von Frequenzgängen mechanischer Objekte auf der Basis periodischer Eingangssignale sind am besten Verfahren geeignet, die die Eigenschaften solcher Signale in optimaler Weise nutzen. Zu diesem Zweck sind *Korrelationsverfahren* sehr gut geeignet, die selbst bei großen Störsignalamplituden noch in der Lage sind, Nutzsignale aus den Anwortsignalen herauszufiltern, indem Test- und Antwortsignal in geeigneter Weise miteinander korreliert werden [61]. Nachfolgend soll die Vorgehensweise für Sinussignale exemplarisch erläutert werden:

Es handelt sich um das Problem, aus zwei Sinussignalen, von denen das eine ein Testsignal (Gl.2.9) und das andere ein Antwortsignal (Gl.2.10) ist, den komlexen Quotienten $\underline{G}_{IJ}(\omega)$ (Gl.2.11) zu berechnen, wobei die Signale wegen der heute üblichen Messtechnik mit Analog-Digital-Wandlern meist in diskreter Form als Abtastwerte im Zeitbereich vorliegen.

Mit der *Euler*'schen Beziehung

$$e^{jx} = \cos x + j\,\sin x \tag{2.6}$$

werden Kreisfunktionen

$$g\,(t) = \hat{g}\,\cos\,(\,\omega t + \varphi\,) \tag{2.7}$$

durch Hinzufügen des entsprechenden Imaginärteils zu komlexen Funktionen:

$$\underline{g}\,(t) = \hat{g}\,\cos(\omega t + \alpha) + \hat{g}\,j\,\sin(\omega t + \alpha) = \hat{g}\,e^{\,j\,(\omega t + \alpha)} \tag{2.8}$$

(Verallgemeinerung zum analytischen Signal [63]), d.h. der Quotient aus zwei phasen-verschobenen Sinussignalen gleicher Frequenz :

$$\underline{g}_I(t) = \hat{g}_I\,e^{\,j\alpha}\,e^{\,j\omega t} \tag{2.9}$$

$$\underline{g}_J(t) = \hat{g}_J\,e^{\,j\beta}\,e^{\,j\omega t} \tag{2.10}$$

ergibt:

$$\underline{G}_{IJ}(\omega) = \underline{g}_I(t)\,/\,\underline{g}_J(t) = (\,\hat{g}_I(t)\,/\,\hat{g}_J(t)\,)\,e^{\,j\varphi} \tag{2.11}$$

$$\text{mit}\quad \varphi_{IJ}(\omega) = \alpha(\omega) - \beta(\omega) \qquad\qquad : \text{Phasenwinkel} \tag{2.12}$$

$$\text{und}\quad |\underline{G}_{IJ}(\omega)| = \hat{g}_I(\omega)\,/\,\hat{g}_J(\omega) \qquad\qquad : \text{Betrag} \tag{2.13}$$

Mit Gl.2.11 bis Gl.2.13 sind auch der Real- und der Imaginärteil eines Systemverhält-nisses durch

$$|\underline{G}_{IJ}| = \sqrt{\,\text{Re}(\underline{G}_{IJ})^{\,2} + \text{Im}(\underline{G}_{IJ})^{\,2}} \tag{2.14}$$

$$\varphi_{IJ} = \arctan(\text{Im}(\underline{G}_{IJ})\,/\,\text{Re}(\underline{G}_{IJ})\,) \tag{2.15}$$

gegeben (Hinweis: Zur übersichtlicheren Darstellung wird in allen weiteren Gleichun-gen die Abhängigkeit der Systemverhältnisse von der Frequenz stillschweigend voraus-gesetzt). Korrelationsverfahren bauen auf den dargelegten Orthogonalitätseigenschaf-ten der Kreisfunktionen auf. Hierbei wird ein um $\pi/2$ verschobenes, sinusförmiges Referenzsignal mit dem abgetasteten Signal multipliziert und über mehrere Perioden integriert [61]:

Es ergibt sich für den Realteil:

$$\text{Re}(\underline{g}) = (\,1/nT\,) \int_0^{nT} \hat{g}\,\sin\,(\omega t + \varphi)\,\sin\,\omega t\;dt \tag{2.16}$$

und für den Imaginärteil:

$$\text{Im}(\underline{g}) = (\,1/nT\,) \int_0^{nT} \hat{g}\,\sin\,(\omega t + \varphi)\,\cos\,\omega t\;dt \tag{2.17}$$

Zur Ermittlung eines Bewegungssystemverhältnisses müssen die Integrationen (Gl.2.16) und (Gl.2.17) sowohl für das Bewegungssignal als auch für das Kraftsignal durchgeführt werden, da nicht ohne weiteres davon ausgegangen werden kann, daß durch zwischengeschaltete Übertragungsglieder entstehende Fehler im Kraftsignal vernachlässigt werden können.

Zum Einfluß von Störsignalen sei angemerkt, daß Störsignalanteile, deren Frequenz ein ganzzahliges Vielfaches der Meßfrequenz ist, auch bei endlichen Meßzeiten keine Frequenzgangfehler erzeugen, während periodische Anteile mit anderen Frequenzen Fehler zur Folge haben, die mit zunehmender Integrationszeit abnehmen. Zur eingehenden Fehlerbetrachtung siehe [61].

2.3.   Rechnerische Untersuchung elastomechanischer Systeme

Belastete elastomechanische Systeme lassen sich durch inhomogene Differentialgleichungssysteme (Dgl.) gemäß Gl.2.18 modellieren.

$$[M]\{\ddot{x}\} + [C]\{\dot{x}\} + [K]\{x\} = \{F(t)\} \qquad (2.18)$$

Hierbei bedeuten:

$[M]$: Massenmatrix

$[C]$: Dämpfungsmatrix

$[K]$: Federmatrix

$\{F\}$: Kraftvektor

Während die Massenmatrix in den meisten Anwendungsfällen konstante Koeffizienten aufweist, sind Dämpfungs- und Federmatrix in der Regel zeitvariant (Parametererregung) und bewegungsabhängig (Nichtlinearität). Je nach Art, Zustand, Werkstoff und Komplexität eines Systems werden Vereinfachungen im Aufbau dieser Matrizen gemacht, die jedoch nicht immer zulässig sind. So weisen z.B. Führungen und Lager bei Werkzeugmaschinen oft stark nichtlineare Kennlinien auf; bei laufenden Zahnradgetrieben müssen infolge der zeitabhängigen Zahnfedersteifigkeiten Parametererregungskräfte [64] berücksichtigt werden.

Obwohl sich in solchen Fällen für die Lösung von Gl.2.18 heute die numerische Integration anbietet, wird trotzdem versucht, einfachere Lösungswege zu finden, weil selbst moderne Rechenmaschinen durch die bei einer Integration erforderliche Vielzahl numerischer Operationen schnell überfordert sind, wenn mit einer größeren Anzahl von Freiheitsgraden gerechnet wird oder wenn den Systemmatrizen stark nichtlineare Kennlinien zugrundeliegen.

In all den Fällen, in denen die Koeffizientenmatrizen als konstant angenommen werden können, vereinfacht sich der Lösungsaufwand drastisch und Ergebnisse lassen sich leichter interpretieren, wenn Gl.2.18 der Eigenwertbeschreibung zugänglich gemacht wird (rechnerische Modalanalyse). Auch bei schwachen Nichtlinearitäten oder bei geringen Wechselanteilen zeitabhängiger Koeffizienten wird zunächst das Eigenwertproblem nach zuvoriger Linearisierung der Koeffizienten gelöst, um dann anschließend eventuell hierdurch hervorgerufene Fehler z.B. durch Näherungsansätze im inhomogenen Teil der Dgl. zu berücksichtigen [65].

Die für eine Formulierung in Matrizenschreibweise notwendige Diskretisierung kontinuierlicher Systeme erfolgt heute in vorteilhafter Weise durch Anwendung "finiter Elemente" (*FEM = Finite-Elemente-Methode*). Derartige Rechenprogramme sind heute auch auf *Personal-Computern* nach Industrie-Standard in zunehmendem Maße und mit wachsender Leistungsfähigkeit verfügbar. Da in dieser Arbeit ein Schwerpunkt die Eigenwertbeschreibung komplexer Systeme sein soll, so werden bei den folgenden Ausführungen stets lineare, zeitinvariante Systeme vorausgesetzt.

Je nach zugrundeliegendem Modell können auf Gl.2.18 weitere Vereinfachungen angewendet werden, so daß die resultierenden Bewegungsgleichungen unterschiedlich strukturiert sind. Der besondere Fall, daß die Dämpfungsmatrix eines Systems nicht symmetrisch ist, kennzeichnet gyroskopische Kräfte. Da solche Systeme z.B. für eine Rotation eine äußere Energiezufuhr benötigen, nennt man sie auch aktiv. Dies gilt auch für zirkulatorische Kräfte, die durch schiefsymmetrische Anteile in der Federmatrix hervorgerufen werden (geregelte Systeme) [7]. Die Lösung des Eigenwertproblems solcher Systeme liefert in der Regel unterschiedliche Links- und Rechtseigenvektoren, d.h. eine rotierende Welle reagiert je nach Drehrichtung auf äußere Kräfte unterschiedlich.

Im weiteren werden alle Systemmatrizen als symmetrisch und nicht negativ definit vorausgesetzt und alle Ausführungen gelten für passive Systeme. Unterschiede in der Behandlung betreffen die Federmatrix (komplex / reell) und die Dämpfungsmatrix (viskoser Dämpfungsanteil vorhanden / nicht vorhanden). Die anderen Matrizen seien jeweils reell und quadratisch (Gl.2.19), zusätzlich die Massenmatrix positiv definit.

$$[M] \{\ddot{x}\} + [C] \{\dot{x}\} + (\, \text{Re}[\underline{K}] + j\, \text{Im}[\underline{K}] \,) \{x\} = \{F(t)\} \qquad (2.19)$$

$$[M], [C], [\underline{K}] \qquad : \text{symmetrisch}$$

$$[M], [C] \qquad : \text{reell}$$

Der nach [7] für eine Systemidentifikation ungünstige Fall, daß sowohl $[C]$ als auch $\text{Im}[\underline{K}]$ von Null verschieden sind, soll ausgeschlossen sein, da die meisten in der Praxis untersuchten Systeme auch mit dieser Einschränkung ausreichend genau beschrieben werden können.

2.4.   Rechnerische Modalanalyse und Frequenzgangdarstellung

2.4.1.   Ungedämpfte Systeme oder Systeme mit Caughey-Dämpfung

2.4.1.1.   Viskose Dämpfung

Zunächst soll der Fall einer viskosen Dämpfung behandelt werden mit:

$$\text{Im}[\underline{K}] = 0 \qquad (2.20)$$

Wenn die verbleibende Dämpfungsmatrix $[C]$ bestimmte, noch zu definierende Eigenschaften aufweist, vereinfacht sich im Falle eines rein konservativen Systems das Gleichungssystem Gl.2.19 zu einem reduzierten System nach Gl.2.21, dessen Eigenwerte und Eigenvektoren nach Gl.2.22 berechnet werden können.

$$[M] \{\ddot{x}\} + \text{Re}[\underline{K}] \{x\} = 0 \qquad (2.21)$$

$$(\, \text{Re}[\underline{K}] - \omega_e^2 [M] \,) \{X_e\} = 0 \quad \text{mit } \{x(t)\} = \{X_e\}\, e^{j\omega_e t} \qquad (2.22)$$

$$\text{mit} \qquad \omega_e : \qquad \text{Eigenkreisfrequenz}$$

$$\{X_e\} : \qquad \text{Eigenvektor (reell)}$$

Dieses Verfahren wird heute vor allem bei *FEM*-Berechnungen standardmäßig angewendet, weil hier meist Informationen über Dämpfungskräfte fehlen, bzw. diese als so klein angenommen werden können, daß der Einfluß auf die zu ermittelnden Eigenvektoren gering ist.

Es bleibt die Frage zu klären, unter welchen Umständen diese Vorgehensweise bei gedämpften Systemen berechtigt ist. Eine eventuell vorhandene Dämpfung kann ja nach der Ermittlung der Eigenwerte z.B. für die Berechnung von Systemverhältnissen berücksichtigt werden.

Bekanntlich weist die Modalmatrix folgende Orthogonalisierungseigenschaften hinsichtlich der Systemmatrizen auf:

$$\text{diag}[M_e] = [X]^t \, [M] \, [X] \qquad\qquad (2.23)$$

$$\text{diag}[K_e] = [X]^t \, \text{Re}[\underline{K}] \, [X] \qquad\qquad (2.24)$$

$$\omega_e^2 = K_e \, / \, M_e \qquad\qquad (2.25)$$

mit M_e : modale Massen

         K_e : modale Federn

d.h. die Modalmatrix kann zur Entkopplung (Diagonalisierung) des Dgl.-Systems Gl.2.21, aber auch des Systems Gl.2.19 mit viskoser Dämpfung eingesetzt werden, wenn gilt:

$$\text{diag}[C_e] = [X]^t \, [C] \, [X] \qquad\qquad (2.26)$$

$$C_e = 2 \, D_e \, M_e \, \omega_e \qquad\qquad (2.27)$$

mit C_e : modale Dämpfung

         D_e : *Lehr*'sche Dämpfung

d.h., wenn auch die Dämpfungsmatrix hinsichtlich der Modalmatrix (Matrix der Eigenvektoren) diese Eigenschaft aufweist.

Caughey [66] hat notwendige und hinreichende Bedingungen für Dämpfungsmatrizen formuliert, die durch.die Modalmatrix diagonalisiert werden. Darauf aufbauend wird in [67] gezeigt, wie sich derartige Dämpfungsmatrizen effektiv generieren lassen, wenn die - von der Dämpfung unabhängigen - Eigenvektoren des Systems bekannt sind (Gl.2.28).

$$[C] = \sum_e 2\, D_e\, \omega_e\, [M]\, \{X_e\}\, (\, [M]\, \{X_e\})^t\, /\, M_e \tag{2.28}$$

Im Gegensatz zu dem oft angewendeten Prinzip der Proportionaldämpfung (Dämpfungsmatrix masse- und/oder federproportional) können bei dieser Methode für jede Eigenschwingung beliebige *Lehr*'sche Dämpfungen eingestellt werden. Der praktische Nutzen dieser Vorgehensweise ist jedoch begrenzt, da eine solchermaßen berechnete Dämpfungsmatrix z.B. bei Schwingerketten physikalisch nicht interpretierbare Kopplungen (Nebendiagonalelemente) aufweist.

Für Systeme mit reellen Eigenvektoren ergeben sich sinnvolle Normierungsvorschriften, wenn die nach der numerischen Lösung eines Eigenwertproblems meist beliebig normierten Eigenvektoren mit der modalen Feder (Gl.2.29, Nachgiebigkeitsnormierung mit modaler Feder =1) oder Masse (Gl.2.30, Beschleunigbarkeitsnormierung mit modaler Masse =1) normiert werden. Dies hat den Vorteil, daß zur Beschreibung einer Eigenschwingung anstatt der Parameter Eigenfrequenz, *Lehr*'sche Dämpfung, Eigenvektor und modale Masse oder Feder nur noch die ersten drei dieser Parameter angegeben werden müssen.

$$[n] = [X]\, /\, \sqrt{\mathrm{diag}\, (\, [X]^t\, \mathrm{Re}[\underline{K}]\, [X]\,)} \tag{2.29}$$

$$[a] = [X]\, /\, \sqrt{\mathrm{diag}\, (\, [X]^t\, [M]\, [X]\,)} \tag{2.30}$$

Wegen (2.25) gilt weiterhin:

$$[a] = [n]\, \mathrm{diag}\, [\omega_e] \tag{2.31}$$

$$[b] = [n]\, \sqrt{\mathrm{diag}\, [\omega_e]} \tag{2.32}$$

Eine dritte sinnvolle Möglichkeit ergibt sich mit Gl.2.32 als Beweglichkeitsnormierung.

Diese normierten Eigenvektoren heißen aufgrund ihrer speziellen Eigenschaften *Kenn-Systemverhältnis-Wurzel*-Vektoren. Damit werden die folgenden Kenngrößen eingeführt:

$\{n_e\}$:   Kenn-Nachgiebigkeits-Wurzel-Vektor, $[\,n_{eI}\,] = (mN^{-1})^{1/2}$

$\{b_e\}$:   Kenn-Beweglichkeits-Wurzel-Vektor, $[\,b_{eI}\,] = (ms^{-1}N^{-1})^{1/2}$

$\{a_e\}$:   Kenn-Beschleunigbarkeits-Wurzel-Vektor, $[\,a_{eI}\,] = (ms^{-2}N^{-1})^{1/2}$

Aus der Dimension ergibt sich in vorteilhafter Weise eine quantitative Vergleichbarkeit von Eigenvektoren z.B. hinsichtlich des Übertragungsverhaltens eines Systems [68] (zu ergänzen sind die Dimensionen der entsprechenden rotatorischen Freiheitsgrade).

Mit Hilfe eines stationären Ansatzes ergeben sich die entsprechenden Systemverhältnisfrequenzgänge wie z.B. die Nachgiebigkeit:

$$[\underline{N}] = (-\omega^2\,[M] + j\omega[C] + [K])^{-1} \tag{2.33}$$

Ein einzelnes Element von $[\underline{N}]$ läßt sich einfacher über die modalen Parameter ausdrücken:

$$\underline{N}_{IJ} = \sum_e \frac{N_{eIJ}}{1-f^2/f_e^2 + j\,2\,D_e f/f_e} \tag{2.34}$$

mit: $N_{eIJ} = n_{eI}\,n_{eJ}$ (N_{eIJ} : Kenn-Nachgiebigkeit)

entsprechend gilt für die anderen Systemverhältnisse:

$$\underline{A}_{IJ} = \sum_e \frac{A_{eIJ}}{1-f_e^2/f^2 - j\,2\,D_e f_e/f} \tag{2.35}$$

$$\underline{B}_{IJ} = \sum_e \frac{B_{eIJ}}{2\,D_e + j\,(f/f_e - f_e/f)} \tag{2.36}$$

mit: $B_{eIJ} = b_{eI}\,b_{eJ}$ (B_{eIJ} : Kenn-Beweglichkeit)

$\qquad\quad\ A_{eIJ} = a_{eI}\,a_{eJ}$ (A_{eIJ} : Kenn-Beschleunigbarkeit)

$\qquad\qquad\qquad\qquad$ (f_e : Eigenfrequenz des ungedämpften Systems)

$\qquad\qquad\qquad\qquad$ (D_e: *Lehr*'sche Dämpfung)

Obwohl von diesen Systemverhältnissen - da am anschaulichsten empfunden - für praktische Zwecke meist die Nachgiebigkeit herangezogen wird, soll im weiteren Verlauf in erster Linie die Beweglichkeit verwendet werden, da dieses Systemverhältnis gewisse Vorteile hinsichtlich der mathematischen Behandlung bietet (z.B. ist Gl.2.37 eine Kreisgleichung und der maximale Betrag einer Standardfunktion Gl.2.38 tritt bei einer Eigenfrequenz auf).

Gl.2.36 läßt sich gliedern in den *Standardfrequenzgang* der Beweglichkeit:

$$\underline{S}_{(B)e} = 1 / (2 D_e + j (f/f_e - f_e/f)) \tag{2.37}$$

und die *Standardfunktion* der Beweglichkeit:

$$\underline{B}_{(e)IJ} = B_{eIJ} \underline{S}_{(B)e} \tag{2.38}$$

Somit gilt für die Beweglichkeit:

$$\underline{B}_{IJ} = \sum_e \underline{B}_{(e)IJ} = \sum_e B_{eIJ} \underline{S}_{(B)e} \tag{2.39}$$

Für überschlägige Berechnungen interessiert oft nur der maximale Betrag eines Systemverhältnisses. Für eine Standardfunktion ist dieser Wert sehr einfach und anschaulich durch

$$|\underline{B}_{(e)IJ} (f=f_e)| = B_{eIJ} / 2 D_e = b_{eI} b_{eJ} / 2 D_e \tag{2.40}$$

zu berechnen, wodurch ein weiterer Vorteil der Normierungen (Gl.2.29 - 2.32) zum Tragen kommt.

2.4.1.2. Strukturdämpfung

Der Fall der Strukturdämpfung ist in (2.19) definiert durch:

$$[C] \{\dot{x}\} = 0 \tag{2.41}$$

$$[M] \{\ddot{x}\} + (\mathrm{Re}[\underline{K}] + j \, \mathrm{Im}[\underline{K}]) \{x\} = \{F(t)\} \tag{2.42}$$

Auch in diesem Fall ist die Modalmatrix von Im[$\underline{K}$] unabhängig, solange Im[$\underline{K}$] von [M] oder Re[$\underline{K}$] linear abhängig ist [69]. Da man Gl.2.42 im stationären Fall leicht umformulieren kann zu:

$$[M] \{\ddot{x}\} + \text{Im} [\underline{K}] \, \dot{x}/\omega + \text{Re} [\underline{K}] = \{F\,(t)\} \qquad (2.43)$$

gelten die *Caughey*-Bedingungen auch für strukturgedämpfte Systeme [7]. Zur Ermittlung der Eigenvektoren genügt es also auch hier, die Modalmatrix des entsprechenden konservativen Systems zu berechnen. Der Eigenwert ergibt sich dann mit Gl.2.25 zu

$$\lambda'_e = \omega_e{}^2 \, (\, 1 + j \, 2 \, d_e \,) \qquad (2.44)$$

mit d_e als Dämpfungsfaktor des strukturgedämpften Systems. Als Systemverhältnis bietet in diesem Fall bei der rechnerischen Behandlung die Nachgiebigkeit Vorteile, da dann - in-Analogie zum viskosen Fall - eine Standardfunktion eine Kreisgleichung beschreibt. Mit nachgiebigkeitsnormierten Eigenvektoren (Gl.2.29) ergibt sich für das Systemverhältnis Nachgiebigkeit (die Kennzeichnung ' weist auf die Zugehörigkeit zu einem strukturgedämpften System hin):

$$\underline{N}'_{IJ} = \sum_e \frac{N'_{eIJ}}{f^2/f_e{}^2 + j \, 2 \, d_e} \qquad (2.45)$$

Für kleine Dämpfungen :

$$d_e{}^2 << 1 \qquad (2.46)$$

können die Modelle mit Strukturdämpfung und *Lehr*'scher Dämpfung ineinander umgerechnet werden. Für die Dämpfung gilt dann:

$$d_e = D_e \qquad (2.47)$$

2.4.2. Gedämpfte Systeme mit beliebiger Dämpfungsmatrix

2.4.2.1. Viskose Dämpfung

Ausgangsgleichung ist wieder das Dgl.-System (Gl.2.19) mit der Einschränkung nach Gl.2.20:

$$[M] \{\ddot{x}\} + [C] \{\dot{x}\} + \text{Re}[\underline{K}] \{x\} = \{F(t)\} \qquad (2.48)$$

wobei jetzt jedoch beliebige symmetrische Dämpfungsmatrizen zugelassen werden sollen. Ein stationärer Lösungsansatz (2.49) führt auf das System (2.50):

$$\{x\} = \{\underline{\Psi}_e\} \, e^{\underline{\Lambda}_e \, t} \qquad (2.49)$$

$$([M] \underline{\Lambda}_e^2 + [C] \underline{\Lambda}_e + \text{Re} [\underline{K}]) \; \{\underline{\Psi}_e\} = 0 \tag{2.50}$$

Fügt man die Identität (2.51) hinzu, so ergibt sich Gleichungssystem (2.52).

$$- [M] \underline{\Lambda}_e \{\underline{\Psi}_e\} + [M] \underline{\Lambda}_e \{\underline{\Psi}_e\} = 0 \tag{2.51}$$

$$\begin{bmatrix} [K] & [0] \\ [0] & -[M] \end{bmatrix} \begin{Bmatrix} \{\underline{\Psi}_e\} \\ \underline{\Lambda}_e \{\underline{\Psi}_e\} \end{Bmatrix} + \underline{\Lambda}_e \begin{bmatrix} [C] & [M] \\ [M] & [0] \end{bmatrix} \begin{Bmatrix} \{\underline{\Psi}_e\} \\ \underline{\Lambda}_e \{\underline{\Psi}_e\} \end{Bmatrix} = \begin{Bmatrix} \{0\} \\ \{0\} \end{Bmatrix} \tag{2.52}$$

Faßt man die Einzelmatrizen in Gl.2.52 zu Gesamtmatrizen zusammen, so erhält man:

$$[P] \{\underline{Y}_e\} + \underline{\Lambda}_e [Q] \{\underline{Y}_e\} = 0 \tag{2.53}$$

oder aber:

$$(- [Q]^{-1}[P] - \underline{\Lambda}_e [I]) \; \{\underline{Y}_e\} = 0 \tag{2.54}$$

Setzt man in Gl.2.54 die ursprünglichen Systemmatrizen ein, so folgt:

$$\left(\begin{bmatrix} [0] & [I] \\ -[M]^{-1}[K] & -[M]^{-1}[C] \end{bmatrix} - \underline{\Lambda}_e \begin{bmatrix} [I] & [0] \\ [0] & [I] \end{bmatrix} \right) \begin{Bmatrix} \{\underline{\Psi}_e\} \\ \underline{\Lambda}_e \{\underline{\Psi}_e\} \end{Bmatrix} = \begin{Bmatrix} \{0\} \\ \{0\} \end{Bmatrix} \tag{2.55}$$

Zur Lösung des Eigenwertproblems ist also zunächst eine Transformation in den Zustandsraum erforderlich. Da die erste Matrix in Gl.2.55 nicht symmetrisch ist, sind die entsprechenden Eigenwerte und Eigenvektoren komplex. Die Eigenwerte (2.56) lassen sich zerlegen in den Abklingkoeffizienten (Realteil) und die Eigenfrequenz des gedämpften Systems (Imaginärteil).

$$\underline{\Lambda}_e = \sigma_e \pm j \, \nu_e \tag{2.56}$$

mit σ_e : Abklingkoeffizient

          ν_e : Eigenkreisfrequenz des gedämpften Systems

weiterhin gilt:

$$\omega_e = \sqrt{\sigma_e^2 + \nu_e^2} \tag{2.57}$$

$$D_e = - \sigma_e / \omega_e \qquad (2.58)$$

Die Eigenvektoren $\{\underline{\Psi}_e\}$ seien in einer Matrix $[\underline{\Phi}]$ wie folgt angeordnet:

$$[\underline{\Phi}] = \begin{bmatrix} [\underline{\Psi}] & [\underline{\Psi}^*] \\ [\underline{\Lambda}][\underline{\Psi}] & [\underline{\Lambda}^*][\underline{\Psi}^*] \end{bmatrix} \qquad (2.59)$$

Im dem hier vorausgesetzten unterkritischen Fall ($D_e < 1$) treten Eigenwerte und Eigenvektoren paarweise konjugiert komplex auf. Die Eigenwerte in Gl.2.59 sind in einer Diagonalmatrix $[\underline{\Lambda}]$ (mit positivem Imaginärteil) zusammengefaßt und den jeweiligen Eigenvektoren zugeordnet. In Analogie zum reellen Eigenwertproblem kann das Gleichungssystem (Gl.2.52) aufgrund der Orthogonalitätseigenschaften der Modalmatrix durch eine Koordinatentransformation entkoppelt werden.

$$\mathrm{diag}\,[\underline{p}_e] = [\underline{\Phi}]^t\,[P]\,[\underline{\Phi}] \qquad (2.60)$$

$$\mathrm{diag}\,[\underline{q}_e] = [\underline{\Phi}]^t\,[Q]\,[\underline{\Phi}] \qquad (2.61)$$

Als geeignete Eigenvektornormierungen bieten sich an:

$$\mathrm{diag}\,[\underline{p}_e] = [I] \qquad (2.62)$$

$$\mathrm{diag}\,[\underline{q}_e] = [I] \qquad (2.63)$$

Hierbei bedeuten Gl.2.63 aufgrund der Dimension der Eigenvektoren eine Beweglichkeits- , Gl.2.62 eine Nachgiebigkeitsnormierung. Im weiteren soll eine Beweglichkeitsnormierung vorausgesetzt werden, d.h. die Eigenvektoren seien so normiert, daß:

$$[\underline{\Phi}]_{(B)}^t\,[Q]\,[\underline{\Phi}]_{(B)} = [I] \qquad (2.64)$$

Für die Eigenwerte gilt die Bedingung:

$$\mathrm{diag}\,[\underline{\Lambda}_e] = - \mathrm{diag}\,[\underline{q}_e]\,/\,\mathrm{diag}\,[\underline{p}_e] \qquad (2.64)$$

Beweglichkeitsnormierte Eigenvektoren $[\underline{\Psi}]_{(B)}$ vorausgesetzt, ergibt sich das Systemverhältnis Nachgiebigkeit zu:

$$\underline{N}_{IJ} = \sum_e \left(\frac{\underline{\Psi}_{(B)eI}\,\underline{\Psi}_{(B)eJ}}{j\omega - \underline{\Lambda}_e} + \frac{\underline{\Psi}^*_{(B)eI}\,\underline{\Psi}^*_{(B)eJ}}{j\omega - \underline{\Lambda}^*_e} \right) \qquad (2.65)$$

oder mit der Umrechnung in Residuen (Gl.2.67):

$$\underline{N}_{IJ} = \sum_{e} \left(\frac{U_{eIJ} + j\,V_{eIJ}}{j\omega - \underline{\Lambda}_e} + \frac{U_{eIJ} - j\,V_{eIJ}}{j\omega - \underline{\Lambda}^{*}_{e}} \right) \tag{2.66}$$

$$U_{eIJ} + j\,V_{eIJ} = \underline{\Psi}_{(B)eI}\,\underline{\Psi}_{(B)eJ} \tag{2.67}$$

Diese Darstellung hat Vorteile bei der Formulierung im Zeitbereich, wie man aus der Impulsantwort Gl.2.68 und Gl.2.69 sehen kann:

$$h_{IJ}(t) = \sum_{e} \left((U_{eIJ} + j V_{eIJ})\, e^{\underline{\Lambda}_e\, t} + (U_{eIJ} - j\,V_{eIJ})\, e^{\underline{\Lambda}^{*}_{e}\, t} \right) \tag{2.68}$$

Für $t=0$ ergibt sich die Impulsantwort zu:

$$h_{IJ}(0) = \sum_{e} 2\,U_{eIJ} \tag{2.69}$$

Das Systemverhältnis (2.65) läßt sich auch in anderer Weise mit Kenn-Beweglichkeiten, Eigenfrequenzen des ungedämpften Systems und *Lehr*'schen Dämpfungen darstellen, was einen direkten Vergleich der modalen Parameter mit denjenigen des reellen Eigenwertproblems zuläßt. Es gelte mit der Eigenfrequenz des ungedämpften Systems ω_e (Gl.2.57) und der *Lehr*'schen Dämpfung D_e (Gl.2.58):

$$\mathrm{Re}(\underline{B}_{eIJ}) = 2\,(D_e\,\mathrm{Re}(\underline{\Psi}_{(B)eI}\,\underline{\Psi}_{(B)eJ}) - \mathrm{Im}(\underline{\Psi}_{(B)eI}\,\underline{\Psi}_{(B)eJ}) \sqrt{1-D_e^{2}}\,) \tag{2.70}$$

$$\mathrm{Im}(\underline{B}_{eIJ}) = 2\,\mathrm{Re}(\underline{\Psi}_{(B)eI}\,\underline{\Psi}_{(B)eJ}) \tag{2.71}$$

$\mathrm{Re}(\underline{B}_{eIJ})$ ist der Realteil, $\mathrm{Im}(\underline{B}_{eIJ})$ der Imaginärteil der Kenn-Beweglichkeit $\underline{B}_{eIJ}$. Mit diesen Umrechnungen läßt sich (2.65) auch schreiben:

$$\underline{B}_{IJ} = \sum_{e} \frac{\mathrm{Re}(\underline{B}_{eIJ}) + j\,f/f_e\,\mathrm{Im}(\underline{B}_{eIJ})}{2\,D_e + j\,(f/f_e - f_e/f)} \tag{2.72}$$

Ein Vergleich von Gl.2.72 mit Gl.2.36 zeigt, daß sich die Gleichungen nur um den frequenzabhängigen Imaginärteil im Zähler unterscheiden; es geht jedoch der bei reellen Eigenformen dargelegte einfache Zusammenhang zwischen Kenn-Beweglichkeit und deren Wurzel (=Eigenvektorkomponente) verloren und eine Umrechnung muß über Gl.2.70 und Gl.2.71 erfolgen. Zur Definition des Standardfrequenzgangs genügt nach wie vor Gl.2.37. Damit ist eine Standardfunktion gegeben durch:

$$\underline{B}_{(e)IJ} = (\ \text{Re}(\underline{B}_{eIJ}) + j\ f/f_e\ \text{Im}(\underline{B}_{eIJ})\ )\ \underline{S}_{(B)e} \qquad (2.73)$$

Gl.2.38 kann damit als Spezialfall von Gl.2.73 aufgefaßt werden. Der für überschlägige Berechnungen interessante Fall $f=f_e$ liefert dann:

$$|\ \underline{B}_{eIJ}\ (f=f_e)\ | = (\text{Re}(\underline{B}_{eIJ}) + j\ \text{Im}(\underline{B}_{eIJ}))\ /\ (2\ D_e) \qquad (2.74)$$

Der frequenzabhängige Imaginärteil in Gl.2.73 führt gegenüber Gl.2.38 nicht nur zu einer imaginären Verschiebung der Standardfunktion sondern auch zu einer Verzerrung des Kreises.

2.4.2.2. Strukturdämpfung

Es gilt wieder die Einschränkung (Gl.2.41), d.h. das Dgl.-System ist definiert durch:

$$[M]\ \{\ddot{x}\} + [\underline{K}]\ \{x\} = \{F(t)\} \qquad (2.75)$$

Für $\text{Im}[\underline{K}]$ seien jetzt jedoch auch Matrizen zugelassen, die nicht mehr den *Caughey*-Bedingungen genügen. Ein stationärer Ansatz (Gl.2.76) führt wieder auf ein Eigenwertproblem, das jedoch im Gegensatz zum viskosen Dämpfungsfall nicht im Zustandsraum formuliert werden muß:

$$\{x\} = \{\underline{X}'_e\}\ e^{\underline{\lambda}'_e\ t} \qquad (2.76)$$

$$(\ [M]\ \underline{\lambda}'^2_e + [\underline{K}]\ )\ \{\underline{X}'_e\} = 0 \qquad (2.77)$$

Anders als beim ungedämpften Fall sind jetzt Eigenvektoren und Eigenwerte komplex. Die Eigenvektoren sind bei nicht zusammenfallenden Eigenwerten linear unabhängig und haben wieder die Eigenschaft, die Systemmatrizen durch die folgenden Zusammenhänge zu diagonalisieren:

$$[\underline{X}']^{t}\ [M]\ [\underline{X}'] = \text{diag}\ [\underline{M}'_e] \qquad (2.78)$$

$$[\underline{X}']^{t}\ [\underline{K}]\ [\underline{X}'] = \text{diag}\ [\underline{K}'_e] \qquad (2.79)$$

Im Gegensatz zum Fall der viskosen oder *Caughey*-Dämpfung beschreiben jedoch diese Eigenvektoren nicht die freien Schwingungen des Systems, was eine physikalische Interpretation erschwert [7].

Die Eigenwerte sind gegeben durch:

$$\underline{\lambda}'_e = \underline{K}'_e \,/\, \underline{M}'_e \tag{2.80}$$

$$\underline{\lambda}'_e{}^2 = \omega'_e{}^2 \,(\, 1 + j\, 2\, d_e) \tag{2.81}$$

Der Kennzeichnung ' soll darauf hinweisen, daß die betreffenden Parameter einem strukturgedämpften System zugeordnet sind. Die Eigenfrequenz ist nicht mit derjenigen des ungedämpften Systems identisch [69]. Als Normierung bieten sich wieder an:

$$\mathrm{diag}\,[M'_e] = [I] \tag{2.82}$$

$$\mathrm{diag}\,[\underline{K}'_e] = [I] \tag{2.83}$$

Im weiteren soll eine Beschleunigbarkeits-Normierung vorausgesetzt werden, d.h.:

$$[\underline{a}']^t\,[M]\,[\underline{a}'] = [I] \tag{2.84}$$

In diesem Fall ergibt sich das Systemverhältnis Nachgiebigkeit zu [69]:

$$\underline{N}'_{IJ} = \sum_e \frac{\underline{a}'_{eI}\,\underline{a}'_{eJ}}{\omega'_e{}^2 - \omega^2 + j\,2\,d_e\,\omega'_e{}^2} \tag{2.85}$$

Mit der Umrechnung der Kenn-Beschleunigbarkeit in eine Kenn-Beweglichkeit:

$$\underline{B}'_{eIJ} = \frac{A'_{eIJ}}{\omega'_e\sqrt{1 + j\,2\,d_e}} \tag{2.86}$$

gilt dann für das Systemverhältnis Beweglichkeit:

$$\underline{B}'_{IJ} = \sum_e \frac{\underline{B}'_{eIJ}\,\sqrt{1 + j\,2\,d_e}}{2\,d_e f'_e / f + j\,(f/f'_e - f'_e/f)} \tag{2.87}$$

2.5. Diskussion der Modelle

Ein Vorteil der modalen Beschreibung liegt in der erheblichen Datenreduktion im Vergleich zur Beschreibung mit Systemverhältnissen: Die Datenmenge zur Erfassung eines Objekts mit n Stellen reduziert sich von n^2 Frequenzgängen der Systemverhältnismatrix auf e Eigenschwingungen mit n Eigenvektoren, mit denen jedoch nicht nur Eingangs-/Ausgangsgrößenkombinationen simuliert werden können, die auf Einzelkräften beruhen, sondern auch das gleichzeitige Angreifen mehrerer Kräfte unterschiedlicher

Frequenz und Phasenlage an verschiedenen Stellen. Aufgrund des bei Linearität gelten-
den Superpositionsprinzips können hierzu die in Abs.2.4. angegebenen Gleichungen
herangezogen werden, wenn sich das System in stationärem Zustand befindet.

Zur Frage, welches Modell aus Abs.2.4. in der Praxis herangezogen werden sollte,
können keine allgemeingültigen Aussagen gemacht werden. Bei einem dermaßen komplizierten Objekt, wie es eine Werkzeugmaschine mit all ihren Komponenten, Einzel-
teilen, Führungen und (Fugen-) Verbindungen [70] darstellt, ist in der Regel mit mehr
oder weniger starkem nichtlinearen Verhalten zu rechnen, wobei die Anwendung der
modalen Beschreibung bereits einen so großen Fehler darstellt, daß eine Entscheidung
für das eine oder anderer Dämpfungsmodell von untergeordneter Bedeutung ist. Hinzu
kommt, daß der Einfluß des Dämpfungsmodells auf das Systemverhalten geringer ist,
als meist angenommen [71].

In diesen Fällen wird man andere Gesichtspunkte heranziehen, wie zum Beispiel Vorteile bei der numerischen Behandlung des Problems. Wie bereits angedeutet, stehen bei
der rechnerischen Modalanalyse selten Dämpfungskennwerte zur Verfügung, so daß oft
mit ungedämpften Systemen gerechnet wird, was auf reelle Eigenschwingungsformen
führt. Bei der experimentellen Analyse muß in erster Linie geklärt werden, ob die Eigenformen komplex oder reell ausgewertet werden sollen.

Die Methode der Reinerregung, die vor allem in der Luft- und Raumfahrtindustrie tra-
ditionell angewendet wird, liefert implizit reelle Eigenformen (des zugehörigen ungedämpften Systems), da hierbei durch Dämpfungskräfte entstehende Phasenverschiebungen durch eine geeignete Erregerkonfiguration ausgeglichen werden.

Bei anderen Methoden muß im Zweifelsfall durch Versuche vorab geklärt werden, ob
eine reelle Analyse ausreicht. Dies ist zu erwarten, wenn

- das Objekt schwach gedämpft ist

- die Dämpfungsverteilung im Objekt annähernd homogen ist (*Caughey*-Bedingun-
  gen)

In vielen Fällen arbeiten Auswertungsmethoden auf reeller Basis stabiler. Bei komplexer Analyse werden Modelle mit Strukturdämpfung bevorzugt verwendet, da sie sich im Aufbau meist etwas einfacher gestalten. Prinzipiell besteht auch die Möglichkeit, aus komplexen Eigenschwingungsformen die zugehörigen reellen Eigenformen zu berechnen (meist in Kombination mit einem *FEM*-Modell [72]).

2.6.   Weitere Definitionen im Zusammenhang mit Systemverhältnissen

- *Einläufiges System*:

    System, das sich durch eine Standardfunktion mit beliebigem Dämpfungsmodell beschreiben läßt. Ein solches System stellt - je nach Dämpfungsmodell - eine Erweiterung des Ein-Massen-Systems aufgrund des komplexen Kenn-Systemverhältnisses dar.

- *Standardfunktion*

    Unabhängig vom jeweilig verwendeten Dämpfungsmodell ist mit dem Begriff *Standardfunktion* ein Summand eines Systemverhältnisses gemeint, welches aus dem Verhalten mehrerer einläufiger Systeme nach Abs.1.4. durch Superposition zusammengesetzt werden kann (siehe Gl.2.38).

- *Modale Parameter:*

    Parameter einer Standardfunktion sind:

    - *Eigenfrequenz*
    - *Dämpfung*
    - *Kenn-Systemverhältnis bzw. dessen Wurzeln*

    Eigenfrequenz und Dämpfung werden als *global* bezeichnet, da sie stellenunabhängig sind; im Gegensatz dazu heißen Kenn-Systemverhältnisse *lokale* Parameter.

• *Bezogener Eigenfrequenzabstand:*

Die Qualität von Auswertealgorithmen, die zur Ermittlung modaler Parameter aus gegebenen Zeitfunktionen oder Systemverhältnissen dienen, wird in der Praxis oft danach beurteilt, bis zu welchem Grad sie in der Lage sind, von der Frequenz her dicht beieinander liegende Eigenformen zu trennen. Da das Verhalten einer Standardfunktion durch mehrere Parameter bestimmt wird, ist es schwierig, hierfür eindeutige Kriterien abzuleiten.

Die Überlagerung zweier frequenzmäßig benachbarter Eigenformen ist nicht nur vom Eigenfrequenzabstand *(f_e - f_k)*, sondern auch von den Dämpfungen abhängig. Damit läßt sich ein auf die Summe der Dämpfungen *bezogener logarithmischer Eigenfrequenzabstand* δ_{ek} definieren:

$$\delta_{ek} = \ln (f_e / f_k) / (D_e + D_k) \tag{2.88}$$

$$\delta'_{ek} = \ln (f'_e / f'_k) / (d_e + d_k) \tag{2.89}$$

Obwohl die Überlagerung auch vom Wert der Kennsystemverhältnisse abhängt, scheint es sinnvoll, für diese Definition nur die globalen Parameter $f^{(')}_e$ und D_e bzw. d_e heranzuziehen, da der bezogene Eigenfrequenzabstand dadurch unabhängig von einer Objektstelle wird. Ein bezogener Eigenfrequenzabstand soll *klein* heißen für:

$$| \delta^{(')}_{ek} | < 1 \tag{2.90}$$

2.7.   Einschränkungen in der Praxis

Für die meßtechnische Ermittlung der in Abs.2.4. definierten Systemverhältnisse müssen zwei wichtige Einschränkungen gemacht werden:

• Das Systemverhältnis liegt in diskreten Wertepaaren als Real- und Imaginärteil mit zugehörigem Frequenzvektor vor.

• Der Frequenzbereich ist immer nach oben und meist auch nach unten hin eingeschränkt.

Das *erste Problem* spielt in der Praxis oft insofern eine Rolle, als der Meßaufwand mit zunehmender Frequenzdichte in zeitlicher Hinsicht und auch, was den Speicheraufwand betrifft, groß wird. Hinzu kommt, daß eine Signalabtastung im Zeitbereich mit anschließender *Fast-Fourier-Transformation (FFT)* immer eine konstante Frequenzschrittweite bedeutet, was bei den - hier mathematisch - stark nichtlinearen Eigenschaften einer Standardfunktion dazu führt, daß insbesondere bei geringen Dämpfungen die Kurvenauflösung im Bereich der Eigenfrequenzen mangelhaft wird, was sich anschaulich in der Grafik von Ortskurven ausdrückt, bei denen die Polygonstruktur deutlich hervortritt.

Die Anwendung der Sinuserregung bietet hier den Vorteil, die Frequenzschrittweite dem Verhalten der Systemverhältnisfunktion optimal anpassen zu können, so daß bei gleichbleibender oder sogar geringerer Datenmenge eine bessere Auflösung dort erreicht wird, wo ein Systemverhältnis die größten Variationen aufweist. Hinzu kommt, daß für die Ermittlung modaler Parameter gerade den Bereichen in der Nähe der Eigenfrequenzen große Bedeutung zukommt. Zur Frequenzschrittweitensteuerung wurde in [32] ein numerisches Verfahren entwickelt.

Zum *zweiten Problem*: Aus praktischen Gründen ist es notwendig und sinnvoll, die Messung eines Systemverhältnisses bei einer oberen Frequenz abzubrechen, obwohl ein kontinuierlich aufgebautes elastomechanisches Objekt nur durch unendlich viele Standardfunktionen beschrieben werden kann. Dem kommt glücklicherweise die Tatsache entgegen, daß mit zunehmender Frequenz meist die Dämpfungen größer und somit auch die Anteile der Standardfunktionen am Systemverhältnis geringer werden.

Sowohl bei Meßverfahren mit Sinuserregung als auch - wenn man eine konstante prozentuale Frequenzauflösung voraussetzt - bei Verfahren mit breitbandigen Eingangssignalen und anschließender *FFT* verhält sich die Meßzeit umgekehrt proportional zu der Frequenz. Da nur eine endliche Meßzeit zur Verfügung steht, wird der Frequenzbereich also auch nach unten beschnitten. Zudem sind viele Bewegungsaufnehmer (selbst Wegaufnehmer, wenn sie aktiv arbeiten) gar nicht in der Lage, bei der Frequenz = 0 zu arbeiten. Es bleibt die Möglichkeit einer Extrapolation zur Frequenz 0, wenn in dem fehlenden Frequenzbereich keine Eigenfrequenzen enthalten sind. Hieraus leitet sich die Methode der *quasistatischen* Messung ab [6,73].

2.8.   Berücksichtigung von Abschneidefehlern in Frequenzgängen

Aus den genannten Gründen ergibt sich die Notwendigkeit, Auswertungsfehler durch abgeschnittene Frequenzbereiche, also Abschneidefehler in irgendeiner Weise zu berücksichtigen oder zu korrigieren. Wenn das Ziel eine modale Beschreibung des Objekts ist, dann wird meist ein Näherungsansatz für die Summe aller Standardfunktionen gewählt, deren Eigenfrequenzen außerhalb des betrachteten Frequenzbereichs liegen und zwar jeweils ein Ansatz für den unteren und oberen Abschneidefehler. Standardfunktionen, die diese Eigenschaft aufweisen, werden im folgenden *entartete Standardfunktionen* [32] genannt (engl.: *residual terms*).

Für das Systemverhältnis Beweglichkeit ergibt sich bei viskoser Dämpfung und reeller Kenn-Beweglichkeit damit die Forderung, geeignete Ansätze für die Gleichung:

$$\underline{B}_{IJ} = \sum_e \frac{\mathrm{Re}(\underline{B}_{eIJ})}{2\,D_e + \mathrm{j}\,(\,f\,/\,f_e - f_e\,/\,f)} \tag{2.91}$$

zu finden. Berücksichtigt man nur eine Standardfunktion von Gl.2.91, so findet man für $f \gg f_e$ (unterer Abschneidefehler):

$$\underline{B}_{u(e)IJ} = \mathrm{Re}(\underline{B}_{eIJ}) \, / \, (\,\mathrm{j}\,f\,/\,f_e\,) = -\,\mathrm{j}\,/\,(m_{eIJ}\,\omega) \tag{2.92}$$

und für $f \ll f_e$ (oberer Abschneidefehler):

$$\underline{B}_{o(e)IJ} = -\,\mathrm{Re}(\underline{B}_{eIJ}) \, / \, \mathrm{j}\,(\,f_e\,/\,f) = \mathrm{j}\,k_{eIJ}\,\omega \tag{2.93}$$

Treten mehrere entartete Standardfunktionen oberhalb oder unterhalb des Frequenzbereichs auf, so kann deren Anteil in den Konstanten m_{IJ} bzw. k_{IJ} zusammengefaßt werden. Die Ansätze Gl.2.92 und Gl.2.93 sind, solange die modalen Dämpfungen klein bleiben, für alle Dämpfungsmodelle zu verwenden. Unter dieser Voraussetzung kann man für die Beweglichkeit schreiben:

$$\underline{B}_{IJ} = -\,\mathrm{j}\,/\,(m_{IJ}\,\omega) + \sum_e \underline{B}^{(')}{}_{(e)IJ} + \mathrm{j}\,k_{IJ}\,\omega \tag{2.94}$$

wobei $\underline{B}^{(')}{}_{(e)IJ}$ eine Standardfunktion mit beliebigem Dämpfungsmodell nach Abs.2.4. sein soll.

Die Gl.2.92 und Gl.2.93 können dahingehend interpretiert werden, daß in einer Standardfunktion, die das Verhalten eines einläufigen Systems repräsentiert, oberhalb der Eigenfrequenz die Massenbeweglichkeit und unterhalb dieser Frequenz die Federbeweglichkeit dominiert.

3. Ermittlung modaler Parameter mit Berücksichtigung einer Standardfunktion

3.1. Problemstellung

Das Kernproblem der experimentellen Modalanalyse betrifft die Ermittlung der modalen Parameter aus gemessenen Objektantworten auf beliebige Eingangssignale. Grundvoraussetzung ist immer die Annahme linearen Objektverhaltens. Die Antworten werden je nach Testmethode im Zeit- oder Frequenzbereich in diskreter Weise aufgenommen und können, soweit bestimmte Voraussetzungen - wie z.B. konstanter Zeit- / Frequenzabstand - erfüllt sind, durch *Fourier*-Transformation gegebenenfalls in die für eine Auswertung erforderliche Form gebracht werden.

Wenn eine Systemverhältnis-Normierung der Eigenformen nicht verlangt wird, kann auf die quantifizierende Messung der Eingangssignale verzichtet werden, und es genügt, die Systemantworten zu kennen (in manchen Fällen ist eine Messung der Eingangssignale gar nicht möglich).

In den meisten Fällen wird man jedoch mit den Ergebnissen einer Modalanalyse auch quantitative Betrachtungen anstellen wollen, und somit ist die Kenntnis der Erregerkräfte erforderlich. Alternativ kann eine Normierung auch über die Ermittlung der modalen Massen oder Federn erfolgen. Methoden zur Ermittlung derselben benutzen linearisierte Zusammenhänge für Frequenzverstimmungen aufgrund zusätzlich aufgebrachter Massen oder Federn [7].

Im weiteren werde angenommen, daß das Objektverhalten quantifizierend als Systemverhältnis *Beweglichkeit* in Wertepaaren Realteil / Imaginärteil mit zugehöriger Frequenz vorliegt. Der Wertebereich, der die Frequenz 0 nicht unbedingt beinhalten muß, erstrecke sich von einer unteren bis zu einer oberen Grenzfrequenz. Ebenso sei der Frequenzabstand als nicht konstant vorausgesetzt. Auf die Angabe der jeweiligen Stellenkombination *IJ* sei der Übersicht halber verzichtet.

Somit lauten die zu untersuchenden Systemverhältnisse:

$$\underline{B} = \sum_e \underline{B}^{\,(')}{}_{(e)} \tag{3.1}$$

Die Standardfunktionen $\underline{B}^{(')}{}_{(e)}$ lauten bei viskoser Dämpfung:

$$\underline{B}_{(e)} = \frac{\mathrm{Re}(\underline{B}_e) + j\, f/f_e\, \mathrm{Im}(\underline{B}_e)}{2\, D_e + j\, (f/f'\,e - f'\,e/f)} \tag{3.2}$$

bzw. mit Strukturdämpfung:

$$\underline{B}'_{(e)} = \frac{\underline{B}'_e\ \sqrt{1 + j\, 2\, d_e}}{2\, d_e f'\,e/f + j\, (f/f'\,e - f'\,e/f)} \tag{3.3}$$

Die Ermittlung der modalen Parameter aus diesen gemessenen Systemverhältnissen bereitet in der Praxis Schwierigkeiten:

- Mathematisch handelt es sich um eine nichtlineare Problemstellung, d.h. die Parameter sind z.B. nicht in direkter Weise durch Lösung linearer Gleichungssyteme zu berechnen.

- Die gemessenen Werte sind oft mit großen Meßunsicherheiten behaftet.

- Das Objekt verhält sich nichtlinear.

- Die gemessenen Werte sind unvollständig.

Ein wesentliches Gütekriterium zur Beurteilung der Qualität eines Auswerteverfahrens ergibt sich durch die Forderung, daß ein solches Verfahren nicht nur mit exakten (berechneten) Systemverhältnissen gute Resultate liefern, sondern auch mit fehlerbehafteten (gemessenen) Frequenzgängen stabil arbeiten soll.

Während bei berechneten Systemverhältnissen eine Genauigkeitsüberprüfung der ermittelten Parameter einfach durch Vergleich mit den vorgegebenen Werten vorgenommen werden kann, erfolgt eine Beurteilung der Ergebnisse bei gemessenen Antworten in der Regel durch Vergleich mit den daraus berechneten Frequenzgängen. Dieses Kriterium ist jedoch, wie später noch dargelegt wird, nicht immer optimal.

Die folgenden Betrachtungen werden für den Fall der viskosen Dämpfung (Gl.3.2) angestellt, gelten jedoch in analoger Weise auch für strukturgedämpfte Systeme (Gl.3.3). Bringt man Gl.3.1 auf einen gemeinsamen Nenner und erweitert dann mit dem Nennerprodukt, so ergibt sich:

$$- \underline{B} \prod_e (2 D_e + j (f/f_e - f_e/f)) +$$

$$\sum_e ((Re(\underline{B}_e) + j \, Im(\underline{B}_e) \, f/f_e) \prod_{k \neq e} (2 D_k + j (f/f_k - f_k/f))) = 0 \qquad (3.4)$$

Ist die Anzahl der Eigenschwingungen in einem vorgegebenen Frequenzbereich bekannt, so können durch Auswertung von Gl.3.4 Gleichungen gebildet werden, deren Koeffizienten zwar durch lineare Ausgleichsrechnungen ermittelbar wären; die modalen Parameter würden jedoch in diesen Koeffizienten nichtlinear auftreten.

Aus diesem Grund wird ein anderer Weg beschritten. Wenn in Gl.3.4 nur die e-te Standardfunktion berücksichtigt wird, so läßt sich der Anteil der vernachlässigten anderen Standardfunktionen durch ein komplexes Polynom höherer Ordnung berücksichtigen:

$$\underline{B} = \frac{Re(\underline{B}_e) + j \, f/f_e \, Im(\underline{B}_e)}{2 D_e + j (f/f_e - f_e/f)} + \underline{P}_n(f) \qquad (3.5)$$

Da die maximale Variation und die Extremwerte von Standardfunktionen bei nicht zu großen Dämpfungen in der Nähe der Eigenfrequenz auftreten, kann davon ausgegangen werden, daß Gl.3.5 in Abhängigkeit von der Überlagerung durch andere, benachbarte Eigenschwingungen und vom Grad n des Polynoms eine gute Näherung für das Systemverhalten darstellt und die modalen Parameter aus Gl.3.5 z.B. durch lineare Ausgleichsrechnungen in einfacher Weise zu ermitteln sind, wenn für die e-te Eigenfrequenz bereits eine erste Näherung bekannt ist, so daß für diese Berechnung ein geeigneter Frequenzbereich festgelegt werden kann, der diese Eigenfrequenz einschließt.

Die Praxis zeigt, daß man bereits befriedigende Ergebnisse erhält, wenn in Gl.3.5 das Polynom auf eine komplexe Konstante reduziert wird, d.h.

$$\underline{B} = \frac{Re(\underline{B}_e) + j \, f/f_e \, Im(\underline{B}_e)}{2 D_e + j (f/f_e - f_e/f)} + \underline{R}_e \qquad (3.6)$$

Gl.3.6 ist Ausgangspunkt für die in den folgenden Abschnitten entwickelten Verfahren zur Ermittlung eines Parametersatzes einer Standardfunktion und kann außerdem als Grundlage für einige bekannte Verfahren angesehen werden, die auf einer einfachen, nichtiterativen Kurvenanpassung (meist Kreisanpassung) zur Ermittlung eines modalen Parametersatzes an einem Frequenzgang beruhen.

3.2. Verfahren zur Ermittlung modaler Parameter aus Beweglichkeitsfunktionen

3.2.1. Methode der kleinsten Fehlerquadrate

Da die Verfahren, die in den folgenden Abschnitten beschrieben werden, auf linearen Ausgleichsrechnungen beruhen, sei zunächst auf die dabei verwendete Methode der kleinsten Fehlerquadrate eingegangen.

Bei vielen experimentellen Untersuchungen tritt das Problem auf, ein Rechenmodell mit einem gemessenen Datensatz nach einer geeigneten Methode in Übereinstimmung zu bringen (Parameter- oder Kurvenanpassung). Hierbei wird dieses Problem mit meist überbestimmten Gleichungssystemen formuliert, die nach bestimmten Kriterien zu lösen sind.

Solche Kriterien können z.B. durch Normen gegeben sein.

Die verallgemeinerte diskrete L_p - Norm eines Vektors ist definiert durch [74]:

$$\|x\|_p = \sqrt[p]{\sum_{k=1}^{n} |x_k|^p} \qquad (1 \le p \le \infty) \tag{3.7}$$

Besonders gebräuchliche Normen sind dabei die *Tschebyscheff*-Norm:

$$\|x\|_\infty = \max_k |x_k| \tag{3.8}$$

die L_1 - Norm:

$$\|x\|_1 = \sum_{k=1}^{n} |x_k| \tag{3.9}$$

und die L_2 - Norm:

$$\|x\|_2 = \sqrt{\sum_{k=1}^{n} x_k^2} \tag{3.10}$$

Ein lineares Gleichungssystem:

$$[X]\,\{a\} = \{y\} \tag{3.11}$$

mit einer Rechteckmatrix $[X]$ in den Dimensionen (m,n) mit $(y \in \Re^m, a \in \Re^n)$ hat genau dann mindestens eine Lösung, wenn:

$$\text{rang } [X] = \text{rang } [X,y] \qquad (3.12)$$

Der Fall $\text{rang}[X] = m = n$ stellt ein lineares Gleichungssystem mit quadratischer Matrix $[X]$ dar, welches mit den bekannten numerischen Verfahren gelöst werden kann. Für $\text{rang}[X]= n$ und $m > n$ ist Gl.3.12 im allgemeinen nicht erfüllt. In diesem Fall ist es sinnvoll, einen Vektor $\{a\}$ so zu ermitteln, daß er eine Norm des Fehlers $[X]\{a\} -\{y\}$ minimiert [74]. Hierfür kommen die oben angegebenen Normen in Betracht.

Ein Unterschied in den Normen besteht im Verhalten gegenüber Ausreißern bei statistischen Unsicherheiten: je größer p, desto mehr werden Ausreißer in den Daten berücksichtigt. Große Werte für p kommen daher in erster Linie für kontinuierliche Systeme in Betracht.

Ein weiterer Unterschied besteht in der statistischen Auswertbarkeit der Ergebnisse: Die L_2 - Norm basiert auf der meist angenommenen *Gauß'schen Normalverteilung* und läßt damit darauf aufbauende statistische Verfahren zu. Selbst wenn darauf kein Wert gelegt werden sollte, so wird die L_2 - Norm meist deshalb herangezogen, weil sie sich in der numerischen Behandlung einfacher darstellt.

Für das lineare Gleichungssystem (Gl.3.11) erhält man also mit der auch *"Euklidische Norm"* genannten L_2 - Norm das Problem der Minimierung von:

$$\| [X]\{a\} - \{y\} \|_2 \qquad (3.13)$$

oder gleichwertig von:

$$\| [X]\{a\} - \{y\} \|_2^2 \qquad (3.14)$$

Die Lösung des Minimierungsproblems (3.14) ist allgemein unter der Bezeichnung *Methode der kleinsten Fehlerquadrate* bekannt (*Gauß'sches Prinzip*) und nur auf lineare Funktionen anwendbar. Gleichungen von nichtlinearen Funktionen sind daher zuvor zu linearisieren [75]. Die Anwendung dieses Verfahrens kann in vielen Fällen durch das allgemeinere Prinzip der *Maximum Likelihood* begründet werden [76]. Die folgenden Aussagen betreffen die numerische Behandlung des Problems.

Das Problem Gl.3.14 läßt sich auch in Bezug zu Gl.3.11 formulieren:

$$[X] \{a\} - \{y\} = \{r\} \tag{3.15}$$

Hierbei ist $\{r\}$ ein Fehler- oder Residuenvektor, dessen L_2 - Norm (Längenquadrat) zu minimieren ist. Dieses Längenquadrat kann in folgender Weise formuliert werden [75]:

$$(\{r\}, \{r\}) = ([X]\{a\}-\{y\}, [X]\{a\}-\{y\}) =$$
$$([X]\{a\}, [X]\{a\}) + ([X]\{a\},- \{y\}) + (- \{y\}, [X]\{a\}) + (-\{y\}, -\{y\}) \tag{3.16}$$

oder nach Umformung:

$$(\{r\}, \{r\})= ([X]^t[X]\{a\},\{a\}) + 2 (- [X]^t \{y\},\{a\}) +(-\{y\},-\{y\}) \tag{3.17}$$

Die oben angedeutete rechentechnische Einfachheit bei Anwendung der L_2 - Norm besteht nun darin, daß die Aufgabe, ein lineares symmetrisch-definites Gleichungssystem zu lösen, gleichbedeutend ist mit dem Problem der Minimierung des Längenquadrats des zugehörigen Residuenvektors. Da hierbei der Konstantanteil $(-\{y\},-\{y\})$ in Gl.3.17 eliminiert werden kann, ergibt sich die Lösung des Minimierungsproblems durch Auflösung des linearen symmetrisch-definiten Gleichungssystems:

$$[X]^t[X]\{a\} = [X]^t \{y\} \tag{3.18}$$

Die darin auftretenden Gleichungen werden Gauß'sche Normalgleichungen genannt. Eine Lösung kann mit numerischen Standardrelaxationsverfahren erfolgen.

Eine wesentliche Fehlerquelle resultiert bei der Anwendung der Methode der kleinsten Fehlerquadrate aus schlecht konditionierten Normalgleichungen. Dies hat zur Folge, daß schon kleine Störungen in der Koeffizientenmatrix sehr ungenaue Ergebnisse hervorrufen oder genauer: Die Ungenauigkeit der numerischen Berechnung von

$$[X]^t[X]\{a\} - [X]^t \{y\} \tag{3.19}$$

für einen beliebigen Vektor $\{a\}$ in der Nähe des Lösungsvektors $\{a\}'$ begrenzt die Genauigkeit der Lösung von Gl.3.18. Dieser Umstand läßt sich durch die Kondition der Koeffizientenmatrix quantifizieren, die als Verhältnis des größten zum kleinsten Eigenwert der Matrix definiert ist.

Da die Eigenwertberechnung aufwendig ist, wird zur Abschätzung der Konditionszahl oft ersatzweise das Verhältnis vom größten zum kleinsten Diagonalelement der Matrix herangezogen. Die so ermittelte Zahl stellt eine untere Grenze für die Kondition dar. Nach [75] muß z.B. bei der häufig praktizierten Anpassung eines Polynoms an gegebene Werte mit einer schlechten Kondition der Normalgleichungen gerechnet werden.

Das Problem der schlecht konditionierten Matrix wird bei numerischen Verfahren durch Orthogonalisierungsverfahren reduziert. Die direkte Lösung des Gleichungssystems Gl.3.19 wird dabei umgangen. Ausgeführte *FORTRAN*-Programme finden sich in [74] und in größeren numerischen Programmbibliotheken, wie z.B. [77].

3.2.2. Verfahren mit Kreis- und Phasenwinkelanpassung

An dieser Stelle sei ein von [32] entwickeltes, aber dort nicht veröffentlichtes Verfahren zur Ermittlung eines Parametersatzes aus Standardfunktionen nach Gl.3.6 zitiert, jedoch mit der Einschränkung, daß nur reelle Eigenformen zugelassen sind (viskoses Dämpfungsmodell mit *Caughey*-Bedingung). Andere, ähnliche Verfahren basieren z.T. auf einem strukturgedämpften Modell und werden mit der Einschränkung, daß die Dämpfung klein bleiben soll, mit Näherungsansätzen auf das viskose Modell übertragen ([69] und andere).

Das Verfahren unterscheidet sich von anderen in erster Linie durch die Tatsache, daß es nicht nur zur Kreisanpassung, sondern auch zur Dämpfungs- und Eigenfrequenzermittlung lineare Ausgleichsrechnungen mit einer beliebig großen Anzahl von Funktionswerten zuläßt. Reelle Eigenformen vorausgesetzt, liefert es auch bei großen Dämpfungen exakte Werte.

Unter Vernachlässigung von $\mathrm{Im}(\underline{B}_e)$ lautet Gl.3.6:

$$\underline{B} = \frac{\mathrm{Re}(\underline{B}_e)}{2\,D_e + \mathrm{j}\,(f/f_e - f_e/f)} + \underline{R}_e \qquad (3.20)$$

Diese Gleichung definiert in der komplexen Zahlenebene einen exakten Kreis, dessen Mittelpunkt durch die translatorische Koordinatentransformation

$$\underline{Z} = \mathrm{Re}(\underline{B}(f_e))\,/\,2 + \underline{R}_e \qquad (3.21)$$

vom Ursprung entfernt ist. Die Konstante $\underline{R}_e$ berücksichtigt dabei gemäß Definition Gl.3.5 den Überlagerungsanteil aller übrigen k Standardfunktionen mit $k \neq e$. **Bild 3.1** zeigt einen Kreis, der an 7 Funktionswerte (durch schwarze Punkte gekennzeichnet) nach der Methode der kleinsten Fehlerquadrate angepaßt ist.

Mit den Bedingungen:

$$r_i << 2\,R \tag{3.22}$$

$$x_0 = \mathrm{Re}(\underline{R}_e) \tag{3.23}$$

$$y_0 = \mathrm{Im}(\underline{R}_e) \tag{3.24}$$

$$z_0 = R^2 - x_0{}^2 - y_0{}^2 \tag{3.25}$$

gilt dann nach Bild 3.1 für die korrigierten Punkte:

$$2\,x_i\,x_0 + 2\,y_i\,y_0 + z_0 - (x_i{}^2 + y_i{}^2) = -\,2\,R\,r_i \tag{3.26}$$

d.h. die Größen x_0, y_0 und z_0 sind so zu ermitteln, daß die Summe der quadratischen Abweichungen r_i minimal wird. Der Radius wird dann z.B. nach Gl.3.27 berechnet.

$$R = \mathrm{sgn}(x_0)\,\sqrt{z_0 + x_0{}^2 + y_0{}^2} \tag{3.27}$$

Für diese Größen läßt sich nun eine translatorische Koordinatentransformation derart durchführen, daß der Mittelpunkt des Kreises auf der reellen Achse X' und der Ursprung des Koordinatensystems X',Y' auf dem Kreis liegt. Weiterhin sollen die Punkte der Beweglichkeiten radial auf den Kreis verschoben werden. Die neuen Punkte seien mit $x_{(c)i}$, $y_{(c)i}$ bezeichnet. Bezogen auf dieses neue Koordinatensystem X',Y' ergibt sich der Tangens des Phasenwinkels φ' (tan φ'- Frequenzgang) zu:

$$\tan \varphi' = y_i'/x_i' = \frac{(y_{(c)i}-y_0)\cos \alpha - (x_{(c)i}-x_0)\sin \alpha}{R+(x_{(c)i}-x_0)\cos \alpha +(y_{(c)i}-y_0)\sin \alpha} + \underline{R}_e \tag{3.28}$$

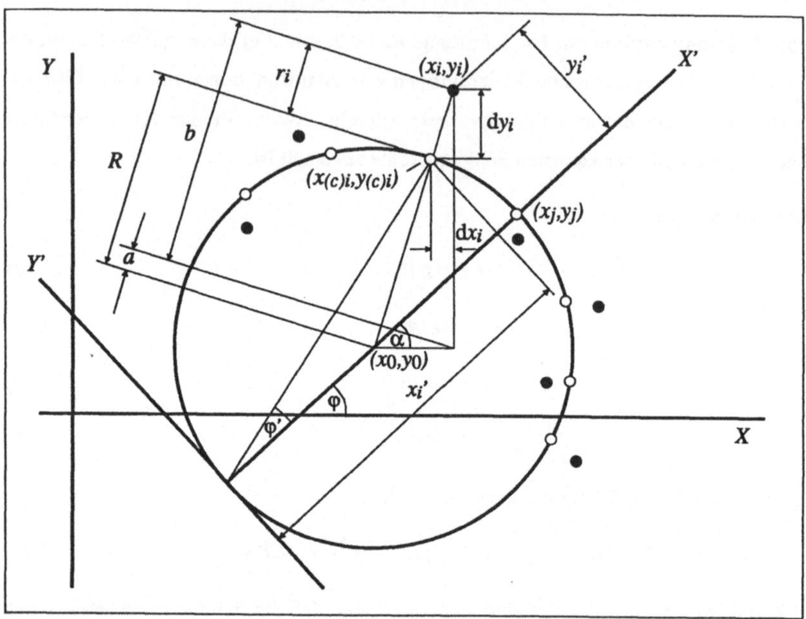

Bild 3.1: Geometrische Beziehungen zur Koordinatentransformation bei der Ermittlung modaler Parameter mit dem Verfahren der Kreisanpassung

Der Winkel α berücksichtigt eine rotatorische Koordinatentransformation, die dann erforderlich ist, wenn der Punkt x_j, y_j, der eine Schätzung für die Eigenfrequenz der Standardfunktion repräsentieren soll, nicht auf der reellen Achse des neuen Koordinatensystems liegt. Er kann, da zunächst unbekannt, entweder vernachlässigt werden, oder aber, wenn eine gute Eigenfrequenznäherung bekannt ist, mit

$$\alpha = \arctan \left(\left(y_j - y_0 \right) / \left(x_j - x_0 \right) \right) \tag{3.29}$$

berechnet werden.

Mit Gl.3.20 läßt sich der Frequenzgang des Tangens des Phasenwinkels einer Standardfunktion in Abhängigkeit von den Frequenz f berechnen:

$$\tan \varphi = \mathrm{Im}(\underline{B}) \, / \, \mathrm{Re}(\underline{B}) = - \left(f/f_e - f_e/f \right) / \left(2\, D_e \right) \tag{3.30}$$

Mit $\varphi = \varphi'$ kann Gl.3.30 wieder einer linearen Ausgleichsrechnung unterzogen werden:

$$P_1 \, / f + P_2 \, f \, \text{-} \tan \varphi' = r \qquad (3.31)$$

d.h. die Parameter P_1 und P_2 sind derart zu ermitteln, daß die Summe der Abweichungs-quadrate r minimal wird. Die Lösung von Gl.3.31 liefert dann mit Gl.3.30 die gesuchten modalen Parameter f_e und D_e :

$$f_e = \, \text{-} \sqrt{P_1/P_2} \qquad (3.32)$$

$$D_e = \, \text{-} \, 1 \, / \, (\, f_e \, P_2 \,) \qquad (3.33)$$

Mit Gl.2.40 und Gl.3.27 folgt für die Kenn-Beweglichkeit:

$$\text{Re}(\underline{B}_e) = 4 \, D_e \, R \qquad (3.34)$$

Somit läßt sich, wenn eine erste Näherung für eine Eigenfrequenz bekannt ist, durch zwei lineare Ausgleichsrechnungen an mindestens drei Punkten einer Beweglichkeitsfunktion in der Nähe dieser Eigenfrequenz ein Satz modaler Parameter ermitteln, der auch bei fehlerbehafteten Meßwerten noch ein brauchbares Ergebnis liefert, wenn die Überlagerungsanteile benachbarter Standardfunktionen nicht zu groß sind.

In der Praxis wird man bei direkter Anwendung solcher Verfahren (ohne übergeordneten iterativen Prozeß) etwa so vorgehen:

- Messung der erforderlichen Frequenzgänge.

- Ermittlung von Eigenfrequenznäherungen entweder mit einem speziellen numerischen Verfahren oder durch visuelle Prüfung (ev. auch der Summe aller Betragsfrequenzgänge).

- Durchführung der erforderlichen Ausgleichsrechnungen in der Nähe dieser Eigenfrequenzen liefert modale Parameter.

Der dritte Schritt sollte gegebenenfalls mit Variation des Frequenzbereichs und der Anzahl der für die Ausgleichsrechnung verwendeten Punkte wiederholt werden, bis ein ausreichendes Ergebnis erzielt wird. Die Kontrolle erfolgt am besten durch Vergleich des gemessenen mit einem aus den Parametern berechneten Frequenzgang, bei dem auch die Konstante $\underline{R}_e$ berücksichtigt wird.

Neben den bekannten Methoden mit Kreisanpassung lassen sich auch Verfahren entwickeln, die ohne Umweg über geometrische Beziehungen der Ortskurve arbeiten. So ist es möglich, Gleichungen anzugeben, mit denen die Ausgleichsrechnungen direkt an einer Umformung der Standardfunktion vorgenommen werden.

Hierzu werden im nächsten Abschnitt zwei Methoden für die beiden Dämpfungsmodelle (viskos und strukturgedämpft) angegeben. Die Verfahren arbeiten ohne Näherungsansätze auch bei großen Dämpfungen exakt und lassen die Berechnung von komplexen und reellen Eigenformen zu.

3.2.3. Anpassung über Umformung der Standardfunktion

3.2.3.1. Viskoses Dämpfungsmodell

Das Verfahren arbeitet auf der Basis einer Standardfunktion mit viskoser Dämpfung (Gl.3.6):

$$\mathrm{Re}(\underline{B}) + j\,\mathrm{Im}(\underline{B}) = \frac{\mathrm{Re}(\underline{B}_e) + j\,f/f_e\,\mathrm{Im}(\underline{B}_e)}{2\,D_e + j\,(\,f/f_e - f_e/f\,)} + \mathrm{Re}(\underline{R}_e) + j\,\mathrm{Im}(\underline{R}_e) \tag{3.35}$$

Multipliziert man, wie in Gl.3.4, wieder mit dem Nenner, so erhält man:

$$\mathrm{Re}(\underline{B}_e) - \mathrm{Re}(\underline{B})2D_e + \mathrm{Re}(\underline{R}_e)2D_e + (\mathrm{Im}(\underline{B})\text{-}\mathrm{Im}(\underline{R}_e))\,(f/f_e\text{-}f_e/f) +$$

$$j\,(\mathrm{Im}(\underline{B}_e)\,f/f_e - \mathrm{Im}(\underline{B})2D_e + (\mathrm{Re}(\underline{R}_e)\text{-}\mathrm{Re}(\underline{B}))\,(f/f_e\text{-}f_e/f) + \mathrm{Im}(\underline{R}_e)2D_e) = 0 \tag{3.36}$$

Diese komplexe Gleichung läßt sich aufspalten in zwei Gleichungen für den Realteil und für den Imaginärteil. So gilt für den Realteil:

$$\mathrm{Re}(\underline{B}) = f\,\mathrm{Im}(\underline{B})/(2f_eD_e) - \mathrm{Im}(\underline{B})f_e/(2fD_e) - f\,\mathrm{Im}(\underline{R}_e)/(2f_eD_e) +$$

$$\mathrm{Im}(\underline{R}_e)f_e/(2fD_e) + (\mathrm{Re}(\underline{B})/2D_e + \mathrm{Re}(\underline{R}_e)) \tag{3.37}$$

Für eine Ausgleichsrechnung lassen sich die gesuchten, nicht direkt ermittelbaren Parameter zusammenfassen:

$$f\,\mathrm{Im}(\underline{B})\,P_1 + (\mathrm{Im}(\underline{B})/f)\,P_2 + f\,P_3 + (1/f)\,P_4 + P_5 - \mathrm{Re}(\underline{B}) = r \tag{3.38}$$

Ebenso läßt sich für den Imaginärteil schreiben:

$$\text{Im}(\underline{B}) = -f\,\text{Re}(\underline{B})/(2f_eD_e) + \text{Re}(\underline{B})f_e/(2fD_e) + f(\text{Re}(\underline{R}_e)+\text{Im}(\underline{B}_e))/(2f_eD_e)$$
$$-\text{Re}(\underline{R}_e)f_e/(2fD_e) + \text{Im}(\underline{R}_e) \qquad (3.39)$$

oder mit Zusammenfassung der Parameter:

$$f\,\text{Re}(\underline{B})\,P_1 + (\text{Re}(\underline{B})/f)\,P_2 + f\,P_3 + (1/f)\,P_4 + P_5 - \text{Im}(\underline{B}) = r \qquad (3.40)$$

Gl.3.38 und Gl.3.40 sind wieder überbestimmte lineare Gleichungssysteme (mit $f=f_i$: $i>5$), deren quadratische Fehler zu minimieren sind. Als Ergebnis erhält man einen Lösungsvektor $\{P\}$, aus dem die modalen Parameter durch Lösung eines Gleichungssystems in einfacher Weise berechnet werden können.

Leider erweisen sich die Gleichungssysteme Gl.3.38 und Gl.3.40 in der Praxis hinsichtlich der Ermittlung der modalen Parameter als schlecht konditioniert, so daß in vorteilhafter Weise ein anderer Weg beschritten wird.

Addiert man die Gleichungssysteme Gl.3.37 und Gl.3.39, so erhält man nach Zusammenfassen und Sortieren:

$$\text{Re}(\underline{B})+\text{Im}(\underline{B}) = f(\text{Im}(\underline{B})-\text{Re}(\underline{B}))/(2f_eD_e) + (1/f)(\text{Re}(\underline{B})-\text{Im}(\underline{B}))\,f_e/(2D_e) +$$
$$f(\text{Re}(\underline{R}_e)+\text{Im}(\underline{B}_e)-\text{Im}(\underline{R}_e))/(2f_eD_e) + 1/f\,(f_e(\text{Im}(\underline{R}_e)-\text{Re}(\underline{R}_e))/(2D_e) +$$
$$\text{Re}(\underline{B}_e)/(2D_e) + \text{Re}(\underline{R}_e) + \text{Im}(\underline{R}_e) \qquad (3.41)$$

oder:

$$f(\text{Im}(\underline{B})-\text{Re}(\underline{B}))P_1 + (1/f)(\text{Re}(\underline{B})-\text{Im}(\underline{B}))P_2 + fP_3 + (1/f)P_4 + P_5 -$$
$$\text{Re}(\underline{B}) - \text{Im}(\underline{B}) = r \qquad (3.42)$$

Den gesuchten Vektor $\{P\}$ erhält man wieder durch Lösung des quadratischen Ausgleichproblems (mit $i>5$). Ist dieser Vektor bekannt, so lassen sich die Parameter Eigenfrequenz und Dämpfung sofort durch Vergleich von Gl.3.41 und Gl.3.42 ermitteln:

$$D_e = \sqrt{\frac{1}{4\,P_1\,P_2}} \qquad (3.43)$$

$$f_e = 2\,D_e\,P_2 \qquad (3.44)$$

Zur Berechnung der übrigen Parameter wird das Ausgleichsproblem neu formuliert, indem die bereits ermittelten Parameter in die Gleichungssysteme Gl.3.37 und Gl.3.39 eingesetzt werden. So erhält man für Gl.3.37:

$$\text{Re}(\underline{B})\,2D_e - \text{Im}(\underline{B})\,(f/f_e\text{-}f_e/f) = -(f/f_e\text{-}f_e/f)\,\text{Im}(\underline{R}_e) + \text{Re}(\underline{B}_e) + \text{Re}(\underline{R}_e)\,2D_e \qquad (3.45)$$

oder aufbereitet für eine Ausgleichsrechnung:

$$-\,(f/f_e\text{-}f_e/f)\,P_{R1} + P_{R2} - (\text{Re}(\underline{B})\,2D_e - \text{Im}(\underline{B})\,(f/f_e\text{-}f_e/f)) = r \qquad (3.46)$$

Durch Vergleich von Gl.3.45 und Gl.3.46:

$$\text{Im}(\underline{R}_e) = -P_{R1} \qquad (3.47)$$

Dann gilt für Gl.3.39:

$$\text{Im}(\underline{B})\,2D_e + \text{Re}(\underline{B})(f/f_e\text{-}f_e/f) - \text{Im}(\underline{R}_e)2D_e = (f/f_e\text{-}f_e/f)\,\text{Re}(\underline{R}_e) + f/f_e\,\text{Im}(\underline{B}_e) \qquad (3.48)$$

umgeformt:

$$(f/f_e\text{-}f_e/f)\,P_{I1} + f/f_e\,P_{I2} - (\,\text{Im}(\underline{B})\,2D_e + \text{Re}(\underline{B})(f/f_e\text{-}f_e/f) - \text{Im}(\underline{R}_e)\,2D_e) = r \qquad (3.49)$$

Hieraus lassen sich die restlichen Parameter wie folgt ermitteln:

$$\text{Re}(\underline{R}_e) = P_{I1} \qquad (3.50)$$

$$\text{Im}(\underline{B}_e) = P_{I2} \qquad (3.51)$$

$$\text{Re}(\underline{B}_e) = P_{R2} - \text{Re}(\underline{R}_e)\,2D_e \qquad (3.52)$$

Damit sind alle Parameter aus Gl.3.35 ermittelt. Für reelle Eigenformen kann in Gl.3.48 der zweite Term auf der rechten Seite des Gleichheitszeichens vernachlässigt werden. Die Ausgleichsrechnung wird dann in analoger Weise durchgeführt.

Das geschilderte Verfahren ist hinsichtlich der zu ermittelnden modalen Parameter ausreichend konditioniert. Es liefert auch bei systematischen oder zufälligen Datenfehlern noch brauchbare Ergebnisse.

3.2.3.2. Modell mit Strukturdämpfung

Das im letzten Abschnitt entwickelte Verfahren zur Ermittlung modaler Parameter aus - mit komplexen Konstanten erweiterten - Standardfunktionen läßt sich in ähnlicher Weise auch für strukturgedämpfte Systeme formulieren.

Hierzu wird, wie im viskosen Fall, die Gleichung der Standardfunktion (Gl.3.3) um eine komplexe Konstante $\underline{R}_e$ erweitert, die den Überlagerungsanteil der restlichen Standardfunktionen näherungsweise berücksichtigen soll.

$$\underline{B}' = \frac{\underline{B}'_e \sqrt{1+j\,2\,d_e}}{2\,d_e\,f'_e/f + j\,(f/f'_e - f'_e/f)} + \underline{R}_e \qquad (3.53)$$

oder mit der Umrechnung Gl.2.86:

$$\underline{B}' = \frac{\underline{A}'_e}{2\,d_e\,\omega'^2_e/\omega + j\,(\omega - \omega'^2_e/\omega)} + \underline{R}_e \qquad (3.54)$$

Multiplikation mit dem Nenner und Aufspaltung in Real- und Imaginärteil liefert wieder zwei Gleichungen. So gilt für den Realteil:

$$\mathrm{Im}(\underline{B}')\omega = \mathrm{Im}(\underline{B}')\,\omega'^2_e/\omega + \mathrm{Re}(\underline{B}')2d_e\omega'^2_e/\omega -$$
$$(\mathrm{Re}(\underline{R}_e)\,2\,d_e\omega'^2_e + \mathrm{Im}(\underline{R}_e)\omega'^2_e)/\omega + \mathrm{Im}(\underline{R}_e)\omega - \mathrm{Re}(\underline{A}'_e) \qquad (3.55)$$

und für den Imaginärteil:

$$\mathrm{Re}(\underline{B}')\omega = \mathrm{Re}(\underline{B}')\omega'^2_e/\omega - \mathrm{Im}(\underline{B}')2d_e\omega'^2_e/\omega +$$
$$(\mathrm{Im}(\underline{R}_e)2d_e\omega'^2_e - \mathrm{Re}(\underline{R}_e)\omega'^2_e)/\omega + \mathrm{Re}(\underline{R}_e)\omega + \mathrm{Im}(\underline{A}'_e) \qquad (3.56)$$

Aufgrund der schlechten Kondition der daraus abgeleiteten Gleichungssysteme werden für eine Ausgleichsrechnung Gl.3.55 und Gl.3.56 wieder addiert:

$$\omega(\mathrm{Re}(\underline{B}')+\mathrm{Im}(\underline{B}')) = (1/\omega)(\mathrm{Re}(\underline{B}')+\mathrm{Im}(\underline{B}'))\,\omega'^2_e +$$
$$(1/\omega)(\mathrm{Re}(\underline{B}')-\mathrm{Im}(\underline{B}'))\,2d_e\omega'^2_e + (1/\omega)\,(\mathrm{Im}(\underline{R}_e)(2d_e-1) -$$
$$\mathrm{Re}(\underline{R}_e)(2d_e+1))\omega'^2_e + \omega(\mathrm{Re}(\underline{R}_e)+\mathrm{Im}(\underline{R}_e)) - \mathrm{Re}(\underline{A}'_e) + \mathrm{Im}(\underline{A}'_e) \qquad (3.57)$$

Dieses Gleichungssystem läßt sich wieder in folgender Weise als quadratisches Ausgleichsproblem formulieren:

$$(1/\omega)(\text{Re}(\underline{B}')+\text{Im}(\underline{B}'))\ P_1 + (1/\omega)(\text{Re}(\underline{B}')-\text{Im}(\underline{B}'))\ P_2 + (1/\omega)\ P_3 +$$
$$\omega\ P_4 + P_5 - \omega(\text{Re}(\underline{B}') + \text{Im}(\underline{B}')) = r \qquad (3.58)$$

Zur Lösung des Gleichungssystems sind also mindestens 5 Werte der Beweglichkeitsfunktion in der Nähe der tatsächlichen Eigenfrequenz erforderlich. Aus dem gesuchten Vektor $\{P\}$ lassen sich wieder durch Vergleich von Gl.3.57 und Gl.3.58 die Parameter Eigenfrequenz und Dämpfung ermitteln:

$$\omega'_e = \sqrt{P_1} \qquad (3.59)$$
$$2\,d_e = P_2\,/\,P_1 \qquad (3.60)$$

Zur Ermittlung der restlichen Parameter ist wieder eine Neuformulierung des Problems notwendig. Im Gegensatz zu der in Abs.3.2.3.1. (viskoses Dämpfungsmodell) praktizierten Methode liefert ein Einsetzen der Parameter in die Ausgangsgleichungen offenbar aufgrund mangelhafter Kondition der Gleichungssysteme keine befriedigenden Resultate.

Aus diesem Grund wird ein anderer Weg beschritten: Gl.3.54 läßt sich direkt in Real- und Imaginärteil aufspalten:

$$\text{Re}(\underline{B}') = (\text{Re}(\underline{A}'_e)\ 2d_e\ \omega'^2_e/\omega + \text{Im}(\underline{A}'_e)\ (\omega - \omega'^2_e/\omega))\ /\ Q + \text{Re}(\underline{R}_e) \qquad (3.61)$$

$$\text{Im}(\underline{B}') = (\text{Im}(\underline{A}'_e)\ 2d_e\ \omega'^2_e/\omega - \text{Re}(\underline{A}'_e)\ (\omega - \omega'^2_e/\omega))\ /\ Q + \text{Im}(\underline{R}_e) \qquad (3.62)$$

mit dem Nenner Q:

$$Q = 4\,d_e^2\ \omega'^4_e/\omega^2 + (\omega - \omega'^2_e/\,\omega)^2 \qquad (3.63)$$

Multiplikation der Gleichungen mit dem Nenner Q liefert für den Realteil:

$$\text{Re}(\underline{B}')\ Q = Q\ \text{Re}(\underline{R}_e) + (2d_e\omega'^2_e/\omega)\ \text{Re}(\underline{A}'_e) + (\omega - \omega'^2_e/\omega)\ \text{Im}(\underline{A}'_e) \qquad (3.64)$$

oder in der für eine Ausgleichsrechnung aufbereiteten Darstellung:

$$Q\ P_{R1} + (2d_e\omega'^2_e/\omega)\ P_{R2} + (\omega - \omega'^2_e/\omega)\ P_{R3} - \text{Re}(\underline{B}')\ Q = r \qquad (3.65)$$

Ebenso gilt für den Imaginärteil Gl.3.62:

$$\text{Im}(\underline{B}')\ Q = Q\ \text{Im}(\underline{R}_e) + (\omega'^2_e/\omega - \omega)\ \text{Re}(\underline{A}'_e) + (2d_e\omega'^2_e/\omega)\ \text{Im}(\underline{A}'_e) \qquad (3.66)$$

oder:

$$Q\,P_{I1} + (\omega'^2_e/\omega - \omega)\,P_{I2} + (2d_e\omega'^2_e/\omega)\,P_{I3} - \mathrm{Im}(\underline{B}')\,Q = r \qquad (3.67)$$

Die gesuchten restlichen Parameter werden also direkt als Komponenten des Vektors $\{P\}$ durch Lösung zweier quadratischer Ausgleichsprobleme ermittelt. Da die Kenn-Beschleunigbarkeit $\underline{A}'_e$ zweimal auftritt, werden die Werte hierfür gemittelt:

$$\underline{R}'_e = P_{R1} + j\,P_{I1} \qquad (3.68)$$

$$\underline{A}'_e = (P_{R2}+P_{I2} + j\,(P_{R3}+P_{I3}))\,/\,2 \qquad (3.69)$$

Die Umrechnung der Kenn-Beschleunigbarkeit in eine Kenn-Beweglichkeit erfolgt wieder mit Gl.2.86.

Damit sind alle gesuchten Parameter aus Gl.3.53 bekannt. Zur Ermittlung reeller Eigenformen wird in Abhängigkeit vom gewählten Systemverhältnis der Imaginärteil der Kenn-Beschleunigbarkeit oder der Kenn-Beweglichkeit vernachlässigt. Die Ausgleichsrechnung kann dann in reduzierter Form durchgeführt werden.

Das Verfahren arbeitet mit ausreichender Kondition und liefert auch bei größeren Meß- bzw. Datenfehlern in vielen Fällen noch brauchbare Ergebnisse, was durch Testrechenläufe gezeigt werden kann.

3.3.   Testergebnisse mit Rechenprogrammen

3.3.1.   Allgemeines

Die im letzten Abschnitt geschilderten drei Verfahren wurden in *FORTRAN* programmiert und getestet. Zur Lösung des linearen quadratischen Ausgleichsproblems wurde dabei das Unterprogramm *LLSQF* (*IMSL* - Bibliothek [77]) verwendet. Die Berechnungen wurden auf einem Personal-Computer nach Industriestandard durchgeführt.

Zum Testen wurden mehrere Frequenzgänge mit unterschiedlichen modalen Parametern, jedoch immer im Bereich 20 - 65 Hz mit 170 Frequenzstützstellen und äquidistanter Stützstellenweite berechnet. Auf eine Angabe von Berechnungsergebnissen aus der Analyse ungestörter Funktionen (ohne Rauschen) wird verzichtet, da alle modalen Parameter stets mit einem relativen Fehler von max. 10^{-8} (Kreisanpassung) bzw. 10^{-12} (die anderen beiden Verfahren) ermittelt werden konnten.

3.3.2. Zufällige Fehler im Frequenzgang

Um das Testverfahren praxisnah zu gestalten, sollte zunächst das Verhalten der Auswerteverfahren bei gestörten Frequenzgängen aufgezeigt werden. Hierzu wurden drei Frequenzgänge berechnet und zwar jeweils nach den Gleichungen:

- Fall 1: Gl.3.20, viskose Dämpfung, reelle Eigenvektoren

- Fall 2: Gl.3.35, viskose Dämpfung, komplexe Eigenvektoren

- Fall 3: Gl.3.53, Strukturdämpfung, komplexe Eigenvektoren

d.h die Berechnung erfolgte mit einer Standardfunktion, aber mit Berücksichtigung einer komplexen Konstante, die näherungsweise den Einfluß anderer Standardfunktionen simulieren soll. Da die Verfahren speziell auf diesen Fall ausgelegt sind, sollten die modalen Parameter aus diesen Frequenzgängen innerhalb der numerischen Genauigkeitsgrenzen exakt ermittelt werden können.

Nach der Berechnung der Beweglichkeitsfunktionen wurden die Frequenzgänge mit Fehlern überlagert. Hierzu wurden die Funktionen mit Störungen durch einen Generator, der normalverteilte Zufallszahlen erzeugt, derart verändert, daß für Real- und Imaginärteil eine Standardabweichung von 4% des aktuellen Funktionswerts erreicht wurde. Zusätzlich wurde noch additiv eine normalverteilte Störung mit einer Standardabweichung von 2% des Maximalbetrags der Originalfunktion überlagert, um ein Meßrauschen zu simulieren.

Sinngemäß wurden den oben genannten Fällen dann die entsprechenden Auswerteverfahren zugeordnet, d.h. zu:

- Fall 1: das Verfahren mit Kreis- und Phasenwinkelanpassung

- Fall 2: das Verfahren mit viskosem Dämpfungsmodell nach Abs.3.2.3.1.

- Fall 3: das Verfahren mit Strukturdämpfungsmodell nach Abs.3.2.3.2.

Bemerkung	f_1	$D_1 = d_1$	Re($\underline{B}_1$)	Im($\underline{B}_1$)	Re($\underline{R}_1$)	Im($\underline{R}_1$)
Exakte Werte	30,00	0,0400	200,0	-100,0	-400,0	1000,0
1. Fall 7 Punkte	30,03	0,0390	191,7	---------	-309,3	949,30
2. Fall 7 Punkte	30,16	0,0366	158,4	-129,1	-205,1	1185,8
3. Fall 7 Punkte	29,90	0,0353	158,4	-54,58	127,6	826,67
1. Fall 15 Punkte	30,01	0,0399	200,9	---------	-395,3	987,44
2. Fall 15 Punkte	29,98	0,0451	232,2	-105,2	-541,5	982,07
3. Fall 15 Punkte	30,05	0,0394	194,8	-109,9	-395,1	1084,7

Tabelle 3.1: Modale Parameter der Testbeispiele (Kurvenanpassung mit 7 und 15 Punkten)

Die Berechnungsergebnisse sind in **Tabelle 3.1** zusammengefaßt. Die erste Zeile (exakte Werte) enthält die vorgegebenen modalen Parameter, mit denen die Testfrequenzgänge berechnet wurden. Für alle Frequenzgänge wurden dieselben Parameter verwendet, mit Ausnahme des ersten Falls, bei dem der Imaginärteil der Kennbeweglichkeit gleich Null gesetzt wurde. Für den dritten Fall wurden die Annahmen nach Gl.2.46 und 2.47 berücksichtigt. Die Verfahren wurden so programmiert, daß als Eingabe eine Eigenfrequenznäherung notwendig ist. Anhand dieses Wertes wird der Wertebereich der Kurvenanpassung so ermittelt, daß diese Näherung möglichst in der Mitte des Bereichs liegt. Für dieses Beispiel wurde als Eigenfrequenznäherung jeweils 29,5 Hz vorgegeben.

Um die Eigenschaften der Verfahren im Hinblick auf eine Kurvenanpassung hin überprüfen zu können, wurden weitere Frequenzgänge mit den ermittelten Parametern berechnet (**Bilder 3.2 - 3.4**). Diese Funktionen sind in den Bildern jeweils bei Anpassung mit 7 Punkten gestrichelt und bei Anpassung mit 15 Punkten punktiert dargestellt. Die Ergebnisse sind jeweils den Original-Frequenzgängen (durchgezogene Linien) gegenübergestellt. Bild 3.2 zeigt das Anpassungsverhalten für den 1. Fall (Kreis- und Phasenwinkelanpassung). Man sieht, daß die Kreisform bereits mit 7 Punkten sehr gut angenähert wird. Auch die Fehler bei den modalen Parametern (Tabelle 3.1) sind mit 7 Punkten klein und können bei 15 Punkten fast vernachlässigt werden.

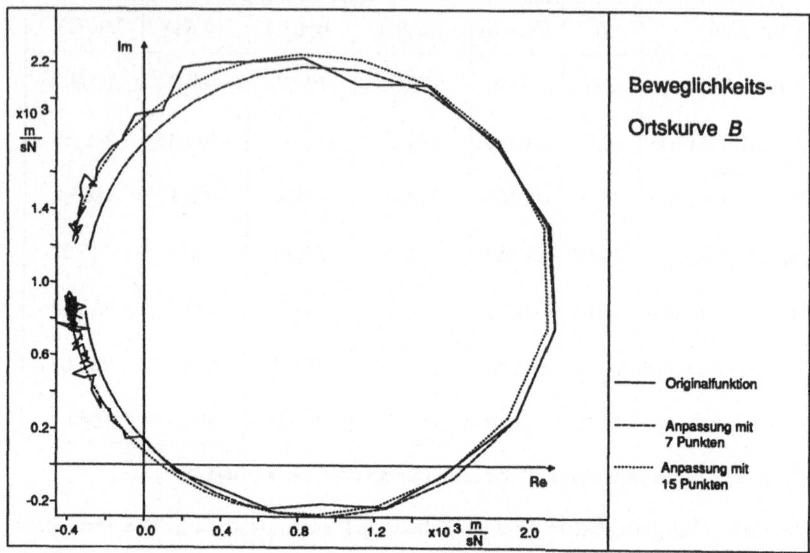

Bild 3.2: Kurvenanpassung beim Verfahren mit Kreis- und Phasenwinkelausgleichsrechnung (Fall 1)

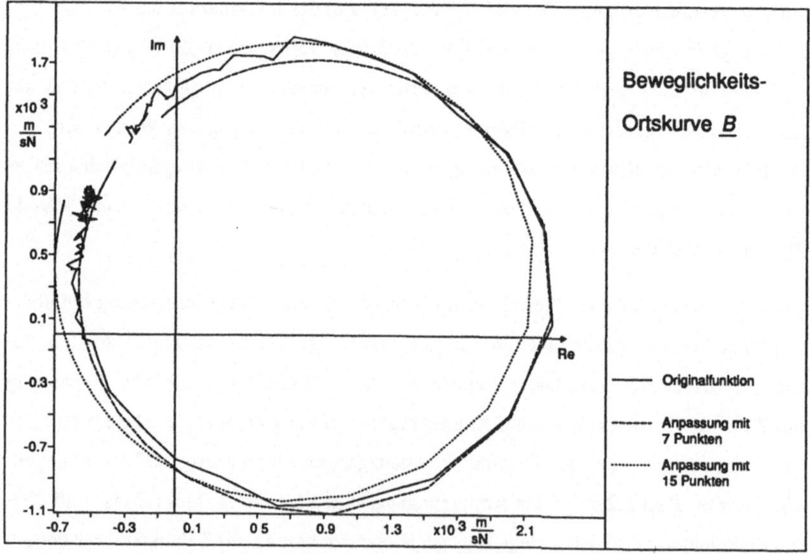

Bild 3.3: Kurvenanpassung mit viskosem Dämpfungsmodell (Fall 2)

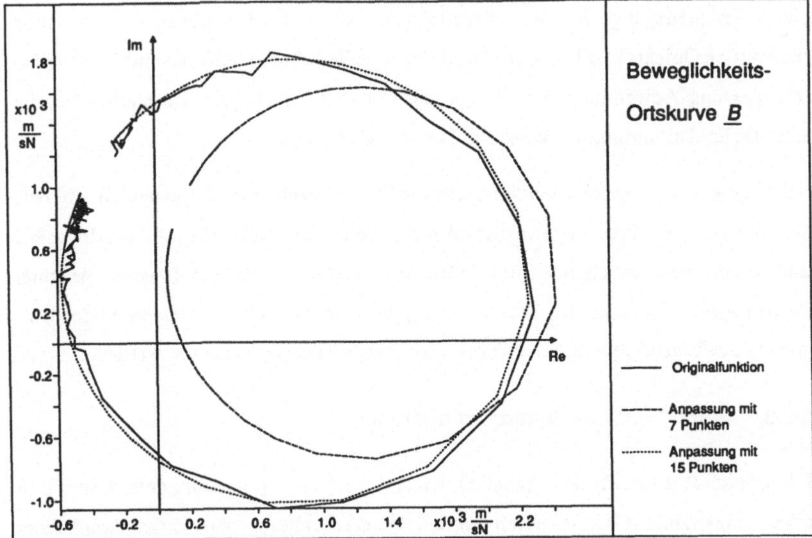

Bild 3.4: Kurvenanpassung mit dem Modell für Strukturdämpfung (Fall 3)

Da die Anpassung bei den beiden anderen Verfahren (Fall 2 und 3) nicht direkt an der Ortskurve bzw. am Phasengang erfolgt, sondern an Umformungen der Standardfunktionen, ergeben sich hieraus für diese Verfahren prinzipiell Nachteile bei einem direkten Ortskurvenvergleich. Außerdem muß berücksichtigt werden, daß bei diesen Verfahren als zusätzlicher Parameter der Imaginärteil der Kenn-Beweglichkeit ermittelt wird, was bei gleicher Punkteanzahl für die Kurvenanpassung den Grad der Überbestimmtheit der Gleichungssysteme und somit die statistische Sicherheit der Ergebnisse reduziert.

Die Bilder 3.3 und 3.4 zeigen die Ergebnisse für den 2. Fall (viskoses Dämpfungsmodell) bzw. für den 3. Fall (Strukturdämpfung). Die gute Anpassung mit 7 Punkten für den 2. Fall ist nicht ganz typisch. Charakteristisch ist auch hier eher ein Verhalten wie im 3. Fall, wo die Abweichung bei 7 Punkten noch relativ groß ist, bei mehr Punkten jedoch drastisch verringert wird.

Auch der Fehler der modalen Parameter wird durch eine größere Anzahl von Punkten für die Anpassung erheblich verringert. In Bezug auf praktische Anwendungen können damit die Verfahren folgendermaßen charakterisiert werden:

Liegen Frequenzgänge vor, die auf reellen oder fast reellen Eigenformen eines viskos gedämpften Objekts beruhen, dann bietet das erste Verfahren mit Kreis- und Phasenwinkelanpassung Anwendungsvorteile, da hier mit weniger Frequenzstützstellen bereits eine stabile Auswertung bei gestörten Funktionen erfolgt.

Bei komplexen Eigenschwingungsformen sollten, je nach Dämpfungsmodell, die beiden anderen Verfahren angewendet werden, wobei im praktischen Anwendungsfall immer auf eine ausreichende Stützstellenzahl im Bereich der Eigenfrequenz geachtet werden sollte. Dies kann bei Sinuserregung durch einen nicht konstanten, in der Umgebung der Eigenfrequenz besonders engen Frequenzabstand erreicht werden.

3.3.3. Einfluß anderer Standardfunktionen

Der zweite Test betrifft das Verhalten der drei Verfahren gegenüber dem Störeinfluß einer frequenzmäßig benachbarten zweiten Standardfunktion (ohne Hinzufügung einer komplexen Konstante). Hierzu wurden wieder Frequenzgänge berechnet und zwar:

- Fall 1: Frequenzgang nach Gl.3.20, viskose Dämpfung, reelle Eigenformen, Auswertung mit dem Verfahren für Kreis- und Phasenwinkelanpassung

- Fall 2: Frequenzgang nach Gl.3.20, viskose Dämpfung, reelle Eigenformen, Auswertung mit dem Verfahren 'Anpassung über Umformung der Standardfunktion, viskose Dämpfung'

- Fall 3: Frequenzgang nach Gl.3.53, Strukturdämpfung, reelle Eigenformen, Auswertung mit dem Verfahren 'Anpassung über Umformung der Standardfunktion, Strukturdämpfung'

Für Fall 1 und 2 wurde also derselbe Frequenzgang verwendet. Analysiert wurden jeweils die Parameter der Standardfunktion mit der kleineren Eigenfrequenz (30 Hz). Die vorgegebene Eigenfrequenznäherung betrug ebenfalls 30 Hz; die Anpassung wurde mit der jeweils minimal erforderlichen Anzahl von Stützstellen durchgeführt, d.h. im Fall 1 mit drei und in den Fällen 2 und 3 mit fünf Stützstellen. Die Berechnungsergebnisse sind in **Tabelle 3.2** zusammengefaßt. Die **Bilder 3.5** und **3.6** zeigen die aus den modalen Parametern bzw. komplexen Konstanten berechneten Frequenzgänge. Der aus

den exakten Parametern berechnete Frequenzgang ist in den Bildern mit einer durch-
gezogenen Linie markiert. In Bild 3.5 ist der 1. Fall (Kreis- und Phasenwinkelanpassung) mit einer gestrichelten, der 2. Fall (viskose Dämpfung) mit einer gepunkteten
Linie dargestellt. Der 3. Fall (Strukturdämpfung) ist in Bild 3.6 gestrichelt gezeichnet.

Bemerkung	f_1	$D_1 = d_1$	$Re(\underline{B}_1)$	$Im(\underline{B}_1)$
exakte Werte	30,0	0,040	200,0	000,0
1. Fall, 3 Punkte	30,5	0,060	429,3	------
2. Fall, 5 Punkte	30,0	0,027	80,63	62,08
3. Fall, 5 Punkte	29,9	0,038	119,9	88,20

Tabelle 3.2: Berechnungsergebnisse im Falle zweier sich überlagernder Standardfunktionen mit Analyse
der Parameter der ersten Standardfunktion

Es zeigt sich wieder die sehr gute geometrische Anpassung an die gegebene Ortskurve
im Fall 1. Daß dies jedoch nicht immer maßgeblich sein muß, zeigt die Eigenwertta-
belle 3.2. Der Fehler bei der Eigenfrequenz- und Dämpfungsberechnung ist im 2. und
3. Fall kleiner als im 1. Fall. Bei den ermittelten Kenn-Beweglichkeiten müssen aufgrund der durch die Überlagerung entstehenden Phasenverschiebungen die Beträge verglichen werden. Auch hier ist der Fehler im Vergleich zu Fall 1 nicht größer.

Eine gute Kurvenanpassung ist also in diesem Fall nicht einer guten Parameterschätzung gleichzusetzen. Im 1. Fall kann dies damit begründet werden, daß die Ortskurve
durch die Überlagerung der beiden Standardfunktionen in einem großen Frequenzbereich aufgeweitet wird. Die daraus resultierenden größeren Kurvenradien führen bei der
Anpassung nach Fall 1 zu einem größeren Kreisdurchmesser und damit zu einer zu
großen Schätzung der Standardfunktion. Die beiden anderen Verfahren schätzen die
Standardfunktion zu klein. Dies muß kein Nachteil sein, da ein solches Verhalten die
Stabilität eines Iterationsverfahrens wie z.B. nach Abs.4.2. verbessern kann. Als wesentliches Ergebnis der Betrachtung kann also festgehalten werden, daß die Verfahren
bei der Auswertung von Beweglichkeitsfunktionen mehrläufiger Systeme Fehler in der
gleichen Größenordnung aufweisen und daß in diesem Fall eine gute Kurvenanpassung
kein Gütekriterium für die Parameterermittlung darstellen kann.

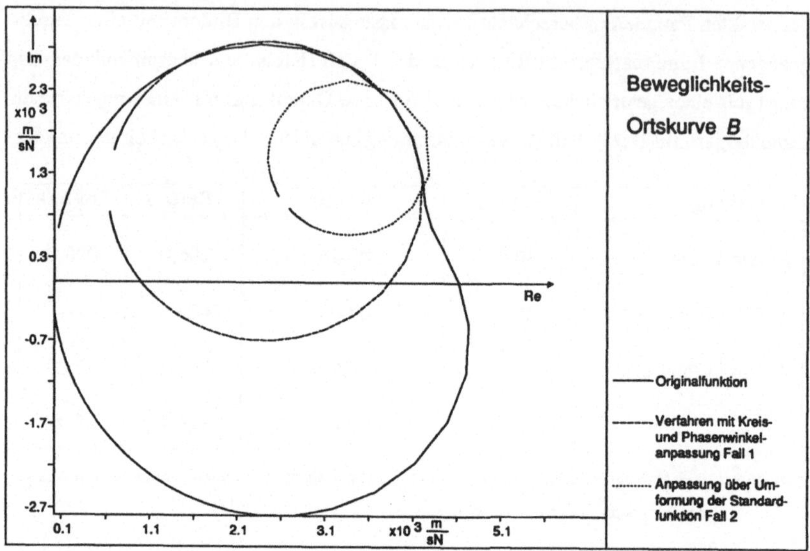

Bild 3.5: Kurvenanpassung bei Überlagerung mehrerer Standardfunktionen, viskose Dämpfung

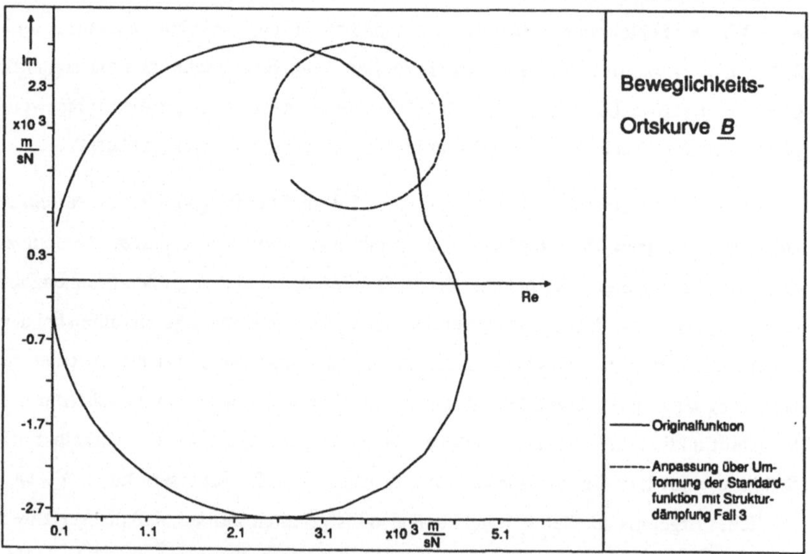

Bild 3.6: Kurvenanpassung bei Überlagerung mehrerer Standardfunktionen, Strukturdämpfung

4. Parameterermittlung mit Berücksichtigung mehrerer Standardfunktionen

4.1. Allgemeines

Es gilt wieder die in Abs.3.1. formulierte Problemstellung. Anders als in Abs.3. werden jedoch die bezogenen Eigenfrequenzabstände jetzt als so klein angenommen, daß die dort entwickelten Verfahren mit Anpassung einer Standardfunktion und näherungsweiser Berücksichtigung der übrigen Standardfunktionen als komplexe Konstante nicht mehr ausreichen.

Es kann jedoch gezeigt werden, daß diese Verfahren, obwohl sie dann im Einzelfall fehlerhafte Ergebnisse liefern, trotzdem in Iterationsverfahren integriert werden können, die gegen die exakte Lösung konvergieren. Ein Verfahren, das diesen Anforderungen genügt, wird in Abs.4.3. erläutert.

Zunächst soll jedoch auf ein Problem eingegangen werden, das sowohl das angesprochene Iterationsverfahren als auch die in Abs.3.2. beschriebenen Methoden betrifft. Alle diese Methoden beruhen auf der Voraussetzung, daß zumindest mehr oder weniger genaue Eigenfrequenzschätzungen vorliegen müssen, d.h. es sind nicht nur Informationen über die Anzahl der in einem bestimmten Frequenzbereich liegenden Eigenfrequenzen notwendig, sondern auch über deren ungefähre Lage.

Einerseits stellt eine im Auswerteverfahren nicht direkt integrierte Eigenfrequenzerkennung zwar einen Schwachpunkt hinsichtlich eines automatisierten Ablaufes dar, andererseits erweist sich eine integrierte Eigenfrequenzerkennung - besonders wenn die Ausgangsdaten fehlerbehaftet sind - häufig als Instabilitätsursache bei Methoden, die im Frequenzbereich arbeiten.

Wie bereits angesprochen, sollten die Verfahren nur im Rahmen einer Interpolation angewendet werden, d.h. der für eine Ausgleichsrechnung benutzte Frequenzbereich muß die tatsächliche Eigenfrequenz der dort dominierenden Standardfunktion beinhalten. Da bereits die Berechnung von Eigenfrequenzen allein durch eine nichtlineare Problemstellung gekennzeichnet ist, sollen im folgenden einige Näherungsmethoden zur Eigenfrequenzermittlung aus Beweglichkeitsfunktionen besprochen werden.

4.2.   Näherungsverfahren zur Eigenfrequenzerkennung

4.2.1. Bekannte Kriterien

Zur überschlägigen Ermittlung von Eigenfrequenzen sind verschiedene Verfahren bekannt, die in Bezug auf eine Standardfunktion theoretisch identische Eigenfrequenzen liefern, jedoch in der praktischen Anwendung bei Überlagerung mehrerer Funktionen unterschiedliches Verhalten aufweisen.

Die Näherungsverfahren beruhen auf dem viskosen Dämpfungsmodell und reellen Eigenformen. Für das Systemverhältnis Beweglichkeit lassen sich folgende einfache und sinnvoll anwendbare Kriterien [7] für eine Eigenfrequenz an Hand einer Standardfunktion ableiten:

Imaginärteil-Nulldurchgang:

$$\mathrm{Im}(\underline{B}) = 0 \tag{4.1}$$

Phasenwinkel-Nulldurchgang:

$$\varphi(\underline{B}) = 0 \tag{4.2}$$

Im Fall stark überlagerter Standardfunktionen erweisen sich diese Kriterien allerdings als ungünstig, da sich solche Störanteile stark auf den Phasengang auswirken.

Leistungsfähiger, aber auch in der Anwendung auf durch Meßfehler aufgerauhte Daten kritischer, sind Verfahren, die auf einer Differentiation der Beweglichkeitsfunktion beruhen. Hiervon seien genannt:

das Realteilextremum:

$$d\mathrm{Re}(\underline{B}) \, / \, df = 0 \tag{4.3}$$

Imaginärteilwendepunkt [7]:

$$d^2 \, \mathrm{Im}(\underline{B}) \, / \, df^2 = 0 \tag{4.4}$$

das Maximum der Steigung des Phasenwinkels:

$$d^2 \, \varphi(\underline{B}) \, / \, df^2 = 0 \tag{4.5}$$

das Maximum des Ortskurvenbogenlängenfrequenzgangs (Bogenlänge s / Frequenz f):

$$d^2 s / df^2 = 0 \qquad\qquad (4.6)$$

Da nur die erste Ableitung auftritt, gilt Gl.4.3 als hinreichend mächtige und zugleich unkritisch zu handhabende Bedingung. Dennoch gilt auch für dieses Verfahren, daß es nur in Verbindung mit anderen Kriterien zuverlässig arbeitet. So zeigt diese Methode auch schon bei größeren bezogenen Eigenfrequenzabständen dort zusätzliche Eigenfrequenzen an, wo Ortskurvenschleifen infolge der Überlagerung auf die andere Halbebene "gezogen" werden und auch eine zusätzliche Überprüfung der Krümmung keinen weiteren Aufschluß über die vermutete Eigenfrequenz bringt.

Insbesondere trifft auch die Methode Gl.4.4 der Vorwurf der Mehrdeutigkeit, da hier bereits eine Standardfunktion mehrere Wendepunkte im Imaginärteilfrequenzgang aufweist. Die Bedingung Gl.4.5 ist dagegen zumindest bei größeren bezogenen Eigenfrequenzabständen als zuverlässig einzustufen und vermag andererseits auch bei kleinen Abständen noch Eigenschwingungen mit hoher Empfindlichkeit zu trennen.

Hierzu in Aufbau und Empfindlichkeit ähnlich ist die Methode Gl.4.6 (genannt: *Ortskurvenkriterium* [7]), die bei einer Standardfunktion dieselbe Leistungsfähigkeit wie Gl.4.5 aufweist, aber im Überlagerungsfall deren geometrische Verzerrungsfehler in der komplexen Zahlenebene vermeidet. Auch hinsichtlich der Eindeutigkeit der indizierten Frequenzen ist diese Methode als beste der bisher beschriebenen einzustufen.

Allen Methoden, die auf berechneten Differentiationen der Messdaten beruhen, ist gemeinsam, daß sie nur in Verbindung mit geeigneten Kurvenapproximationen oder Glättungsverfahren brauchbar arbeiten, wobei der Grad der Glättung einerseits die mögliche Genauigkeit beeinträchtigt, andererseits aber die Anzeige von nicht vorhandenen Eigenschwingungen verhindert.

Es sei darauf hingewiesen, daß es noch sehr viel mehr Näherungsmethoden zur Eigenfrequenzerkennung gibt, als hier dargelegt. Hingewiesen sei auf die Möglichkeit der Identifikation im Zeitbereich. Im Frequenzbereich werden hierzu in [78] drei neue Methoden vorgeschlagen, die einen geringen Berechnungsaufwand erfordern und somit auch im Verlauf der Messung von Frequenzgängen angewendet werden können.

4.2.2. Vergleich Ortskurvenkriterium - erweitertes Ortskurvenkriterium

Wie im letzten Abschnitt bereits dargelegt, bietet das Ortskurvenkriterium gegenüber den anderen Verfahren Vorteile, da es auch noch bei kleinen bezogenen Eigenfrequenzabständen in der Lage ist, Eigenfrequenzen zu trennen. Es ist offensichtlich, daß eine zuverlässige Eigenfrequenzerkennung umso schwieriger wird, je größer die Überlagerung der einzelnen Standardfunktionen in einer Beweglichkeitsfunktion ist. Diese Problematik sei an einem Beispiel verdeutlicht.

Bild 4.1 zeigt eine mit einer Frequenzschrittweite von 0,2 Hz berechnete Ortskurve, deren Standardfunktionen mit den folgenden Parametern gebildet wurden:

$$f_1 = 30\,\text{Hz} \qquad f_2 = 32\,\text{Hz}$$
$$D_1 = 0,05 \qquad D_2 = 0,04$$
$$B_1 = 200\,\text{ms}^{-1}\text{N}^{-1} \qquad B_2 = 200\,\text{ms}^{-1}\text{N}^{-1}$$

Der anhand dieser Parameter ermittelte bezogene Eigenfrequenzabstand beträgt also $\delta_{12} = 0,72$.

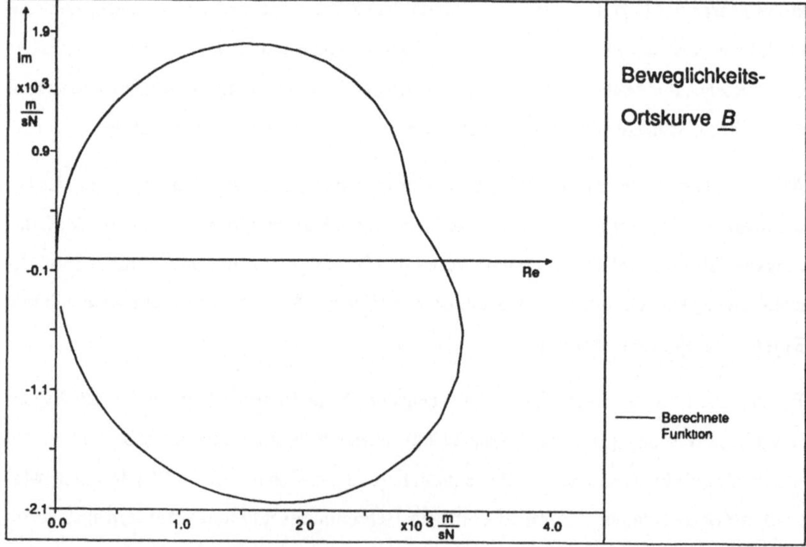

Bild 4.1: Berechnete Beweglichkeitsfunktion mit $\delta_{12} = 0,72$

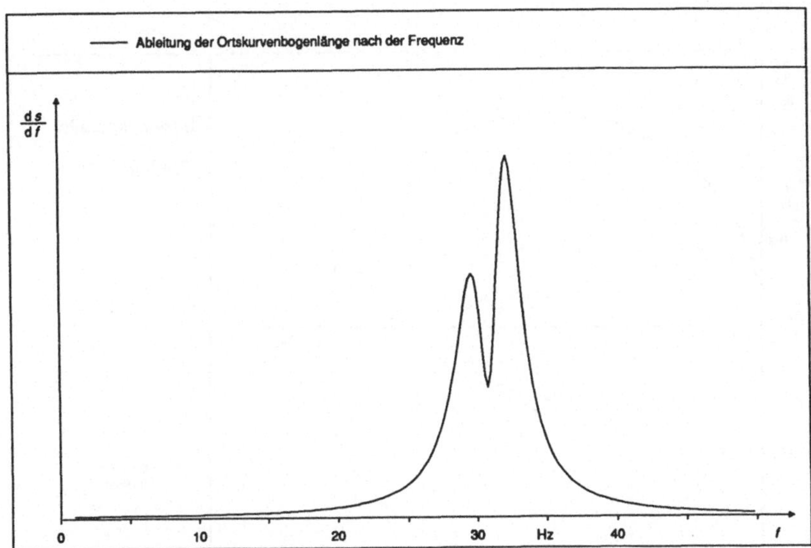

Bild 4.2: ds/df - Funktion des Frequenzgangs nach Bild 4.1

Bild 4.2 zeigt die zugehörige Funktion der numerisch berechneten Ableitung der Ortskurvenbogenlänge nach der Frequenz (ds/df-Funktion). Man sieht, daß bei diesem kleinen Eigenfrequenzabstand die beiden Eigenfrequenzen nach dem Ortskurvenkriterium durch zwei ausgeprägte Maxima hervortreten. Bei noch kleineren bezogenen Eigenfrequenzabständen versagt jedoch auch dieses empfindliche Kriterium sehr schnell. **Bild 4.3** zeigt eine Ortskurve, die mit den modalen Parametern wie in Bild 4.1 berechnet wurde, wobei jedoch der Eigenfrequenzabstand um 1 Hz vermindert wurde (f_2 jetzt = 31 Hz). Der bezogene Eigenfrequenzabstand beträgt jetzt $\delta_{12} = 0{,}36$. Aus dem zugehörigen ds/df - Verlauf ist allerdings ersichtlich (**Bild 4.4**), daß bei diesem Abstand das Ortskurvenkriterium zu schwach wird, um beide Eigenfrequenzen deutlich hervortreten zu lassen. Differenziert man jedoch diese ds/df - Frequenzgänge zweimal nach der Frequenz, so ergeben sich Funktionen (d^3s/df^3), wie sie in den **Bildern 4.5** und **4.6** mit negativer Ordinatenskalierung dargestellt sind. Die Eigenfrequenzen der beiden Standardfunktionen sind jetzt auch im besonders kritischen 2. Fall, bei dem das Ortskurvenkriterium versagt hat, durch deutliche Maxima charakterisiert; die Funktion $-d^3s/df^3$ kann als Indikator aufgefaßt werden, der anzeigt, ob ds/df konkav oder konvex ist und eignet sich zur Eigenfrequenzerkennung in schwierigen Fällen.

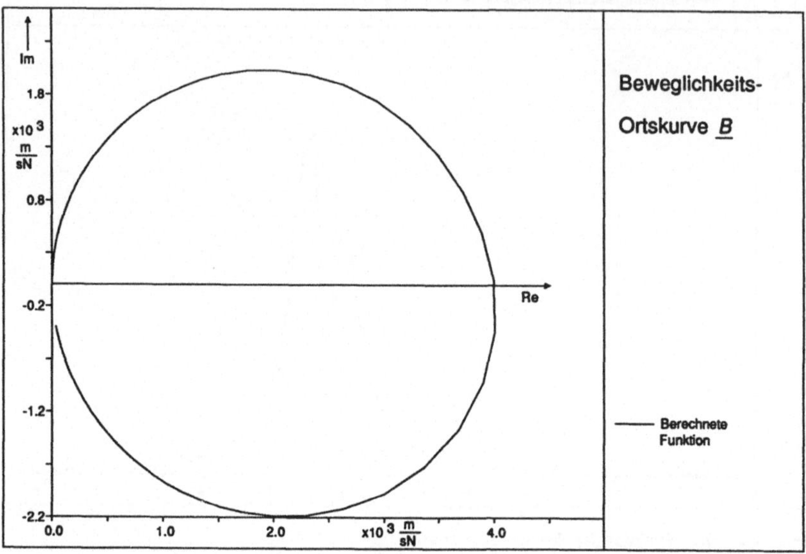

Bild 4.3: Berechnete Beweglichkeitsfunktion mit $\delta_{12} = 0{,}36$

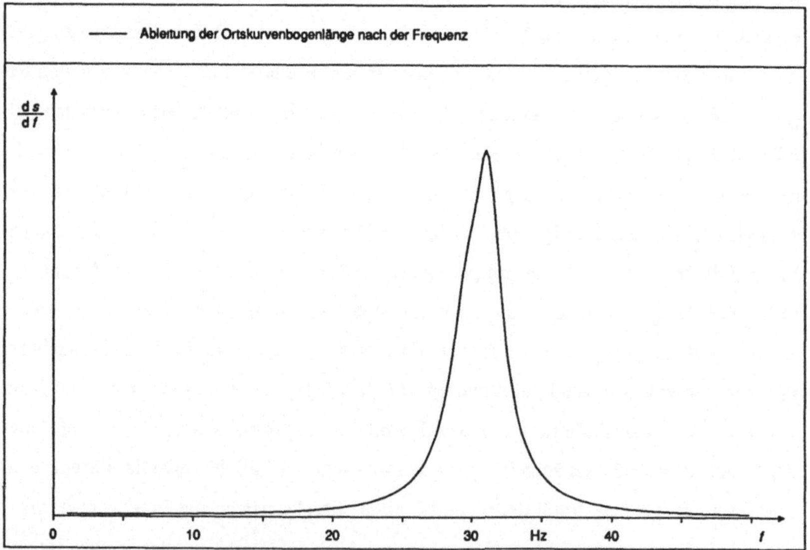

Bild 4.4: ds/df - Funktion des Frequenzgangs nach Bild 4.3 $(\delta_{12} = 0{,}36)$

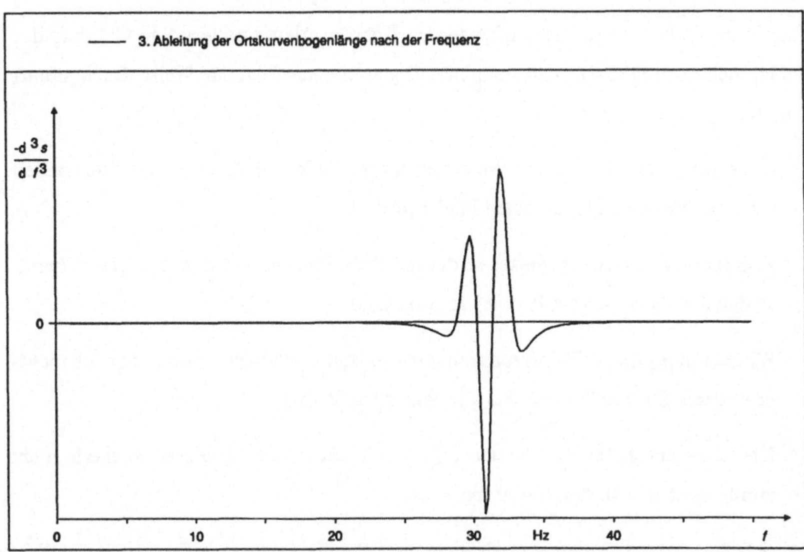

Bild 4.5: - d^3s/df^3 - Funktion des Frequenzgangs nach Bild 4.1 ($\delta_{12} = 0{,}7$), negative Ordinatenskalierung

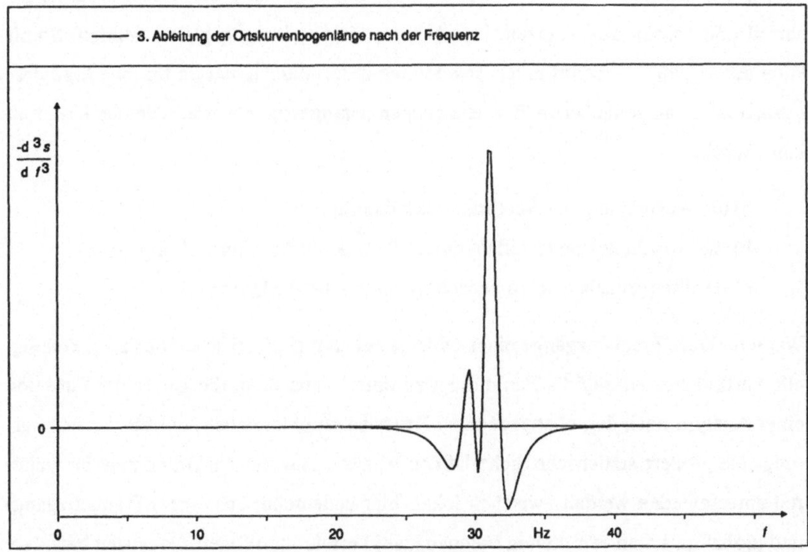

Bild 4.6: - d^3s/df^3 - Funktion des Frequenzgangs nach Bild 4.3 ($\delta_{12} = 0{,}36$), neg. Ordinatenskalierung

Eine in der Praxis wegen des aufgerauhten Kurvenverlaufs notwendige Glättung der Funktionen kann für Real- und Imaginärteil getrennt auf folgende Weise durchgeführt werden:

- Anpassung einer Parabel an die ersten n (ungerade) mindestens fünf Stützstellen nach der Methode der kleinsten Fehlerquadrate.

- Korrektur des Funktionswertes an der mittleren Stützstelle (für $n=5$ an der dritten), so daß der Punkt auf die Parabel versetzt wird.

- Wiederholung dieses Verfahrens mit gleicher Stützstellenzahl, aber um 1 nach rechts versetztem Stützstellensatz, bis alle Werte erfaßt sind.

- Korrektur der ersten und letzten ($n/2$-$1/2$) Werte, die nach dieser Methode nicht erfaßt werden, z.B. durch Extrapolation.

Je nach Zustand des Datenmaterials kann die Glättung variiert werden durch die Wahl von n oder durch die wiederholte Anwendung des Verfahrens auf eine Funktion. Bei Datenmaterial mittlerer Qualität erhält man z.B. befriedigende Ergebnisse, wenn im Verlauf der Berechnung einer $-d^3 s/df^3$ - Funktion zunächst jeweils Real- und Imaginärteil und anschließend einzeln jede berechnete Ableitung geglättet werden. Somit kann der $-d^3 s/df^3$ - Verlauf unter Anwendung bestimmter Kriterien für eine *Eigenfrequenzanalyse* an gemessenen Frequenzgängen herangezogen werden. Solche Kriterien können sein:

    a) die Ausprägung der Maxima in der Funktion

    b) die Anzahl der Stützstellen, durch die (lokale) Maxima definiert sind

    c) der Frequenzabstand zu benachbarten (lokalen) Maxima

Wenn mehrere Frequenzgänge eines Objekts bekannt sind, so scheint es zweckmäßig, alle verfügbaren $-d^3 s/df^3$ - Funktionen zu mitteln und dann die gemittelte Funktion einer Analyse nach den obengenannten Kriterien zu unterziehen, um für die Auswertung eine größere statistische Sicherheit zu erhalten. Aus diesem Grund muß im weiteren unterschieden werden zwischen lokal (hier bedeutend: aus einem Frequenzgang) und global (aus dem gemittelten Frequenzgang) ermittelten Eigenfrequenzen bzw. Isolationsfaktoren.

Als Näherungsverfahren treten auch bei dieser Methode in Abhängigkeit von den Ausgangsdaten größere Fehler auf. So muß darauf hingewiesen werden, daß bei sehr kleinen bezogenen Eigenfrequenzabständen, vor allem in Verbindung mit einer zu großen Frequenzstützstellenweite, die Fähigkeit verloren geht, Standardfunktionen zu trennen. Es kann außerdem vorkommen, daß im $-d^3 s/df^3$ - Verlauf lokale Maxima an Stellen auftreten, bei denen keine Eigenfrequenzen liegen. Da jedoch bei solchen Frequenzen die Ausprägung in der Funktion in der Regel gering ist, können sie meist mit Erfolg durch Anwendung geeigneter Kriterien (z.B.: a) ,b) ,c)) aussortiert werden.

4.2.3. Rechenprogramm zur Ermittlung der Eigenfrequenzen

Das im letzten Abschnitt beschriebene Verfahren wurde in einem *FORTRAN*-Programm auf einem Personal-Computer nach Industriestandard implementiert. In diesem Programm werden zunächst die $d^3 s/df^3$ - Funktionen aller von einem Untersuchungsobjekt gemessenen Frequenzgänge berechnet und einzeln anhand der genannten Kriterien analysiert. Daraufhin werden die Eigenfrequenzen auch aus der Mittelwertfunktion berechnet. Als Ergebnis stehen somit die aus den einzelnen Frequenzgängen und die aus der Mittelwertfunktion berechneten Eigenfrequenzen zur Verfügung.

Weiterhin werden für alle Eigenfrequenzen anhand der oben beschriebenen Kriterien a), b) und c) sogenannte Isolationsfaktoren im Intervall [0,1] berechnet, die in einer $d^3 s/df^3$ - Funktion die Ausprägung einer Standardfunktion charakterisieren sollen. Ein ausgeprägter Funktionsverlauf (lokales Maximum) im Bereich einer Eigenfrequenz liefert also einen großen Isolationsfaktor.

Für den Ablauf des Programms werden folgende Eingaben erwartet:

- ein Mindestisolationsfaktor zur Anerkennung einer Eigenfrequenz (Aussortieren von falsch indizierten Eigenfrequenzen)

- ein Mindestabstand zweier Eigenfrequenzen (falls dieser Abstand unterschritten wird, erfolgt die Bildung eines Mittelwerts für eine Eigenfrequenz)

- die Anzahl der Glättungen für Real- und Imaginärteil bzw. für die einzelnen Ableitungen

4.2.4. Programm zur Kontrolle der ermittelten Eigenfrequenzen

Aufgrund der meist fehlerbehafteten Meßdaten und der Näherungseigenschaften des Auswerteverfahrens ist eine übersichtliche Kontrollmöglichkeit der ermittelten Eigenfrequenzen unumgänglich.

Das nachfolgend beschriebene *PASCAL*-Programm dient der grafischen Darstellung der ermittelten Eigenfrequenzen im Zusammenhang mit den berechneten Indikatorfunktionen. **Bild 4.7** zeigt eine Grafik, die anhand originaler Messungen an der in Abs.1.1. als Beispiel herangezogenen Bettfräsmaschine berechnet wurde:

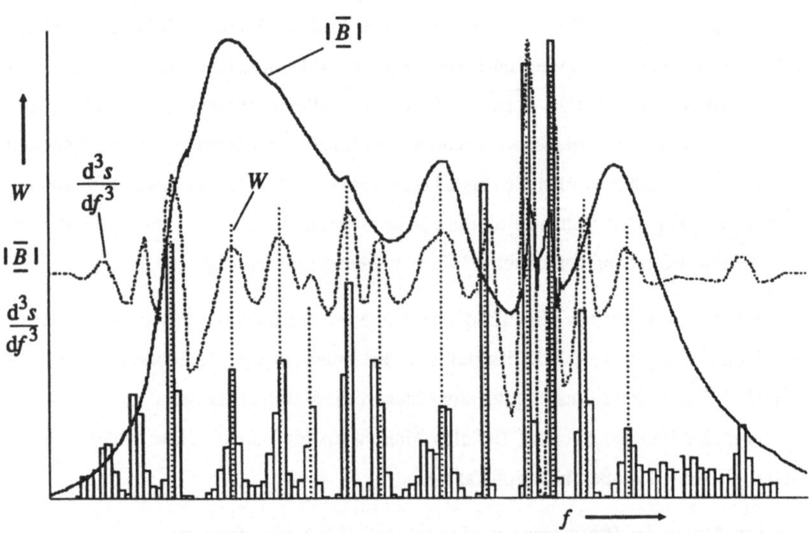

Bild 4.7: Grafik zur Kontrolle und Beurteilung der Eigenfrequenzermittlung

- die gepunkteten senkrechten Linien markieren auf der Abszisse die aus dem gemittelten $-d^3 s/df^3$ - Verlauf berechneten Eigenfrequenzen; hierbei sind bereits Eigenfrequenzen bei Maxima mit geringer Ausprägung im Kurvenverlauf nach den im letzten Abschnitt genannten Kriterien aussortiert; anhand der Länge der Linien kann der jeweilige Isolationsfaktor an der Ordinatenskalierung abgelesen werden.

- die Länge der senkrechten Balken ist proportional zur Summe W der Isolationsfaktoren von Eigenfrequenzen aus einem vorzugebenden Frequenzintervall, die aus den einzelnen Frequenzgängen ermittelt wurden; die Breite der Intervalle ist beliebig wählbar.

- die durchgezogene Linie ist proportional zum gemittelten Betrag aller Realteilfrequenzgänge und dient qualitativ als zusätzliche Kontrollmöglichkeit.

- die $d^3 s/df^3$ - Funktion ist strichpunktiert qualitativ dargestellt.

Da es vorkommen kann, daß Eigenfrequenzen zwar in einzelnen Frequenzgängen (angezeigt durch die senkrechten Balken), jedoch nicht im gemittelten $d^3 s/df^3$ - Verlauf als solche erkannt werden (wenn z.B. eine Eigenschwingung einen sehr lokalen Charakter hat, weil an einem Objekt eine kleine Masse nachgiebig angekoppelt ist), so besteht mit diesem Programm die Möglichkeit, mit Hilfe eines beweglichen *Cursors* an dem betreffenden Balken eine zusätzliche Eigenfrequenz einzufügen. Umgekehrt kann man auch Eigenfrequenzen löschen, wenn z.B. bei angezeigten Eigenfrequenzen zwischen Balken und Maxima in den Funktionsverläufen keine Korrelation zu erkennen ist. Als Ausgabe des Programms stehen die gegebenenfalls korrigierten Eigenfreqenznäherungen des Objekts nebst zugehörigen Isolationsfaktoren zur Verfügung.

4.3. Iterationsverfahren zur Parameterermittlung bei mehreren Standardfunktionen

4.3.1. Theorie des Verfahrens

Die in der Praxis zu untersuchenden Meßobjekte (Werkzeugmaschinen) weisen in der Regel ein kompliziertes dynamisches Verhalten auf, das, sofern es überhaupt mit der linearen Systemtheorie beschreibbar ist, sich selbst im unteren Frequenzbereich aus vielen Eigenschwingungen zusammensetzt. Auch bei relativ einfach strukturierten Objekten treten dabei aufgrund kleiner bezogener Eigenfrequenzabstände starke Überlagerungen der Standardfunktionen auf, die dazu führen, daß Auswertemethoden zur Ermittlung modaler Parameter, die nur jeweils eine Standardfunktion berücksichtigen, in kritischen Fällen nur sehr ungenaue Ergebnisse liefern.

Aus diesem Grund hat sich der Verfasser dazu entschlossen, ein Iterationsverfahren, das in wesentlichen Teilen auf [32] zurückgeht, auf der Basis der in Abs.3.2.3. vorgeschlagenen Methoden zu erweitern und für die Praxis anwendungsgerecht zu gestalten.

Gegeben sei die Beweglichkeitsfunktion eines mechanischen Objekts, auf das die lineare Systemtheorie anwendbar ist. Die Funktion sei durch diskrete Frequenzstützstellen f_i ($B(f_i)$ mit $i = 1,2,3 \ldots n$), die nicht äquidistant sein müssen, in einem endlichen Frequenzbereich $[f_u,f_o]$ (f_u nicht notwendigerweise $= 0$) gegeben. Berücksichtigt man hierbei, wie in Abs.2.8. gezeigt, den Anteil der Standardfunktionen, deren Eigenfrequenzen ausserhalb des Intervalls $[f_u,f_o]$ liegen, durch zwei Näherungsansätze $\underline{B}_u$ und $\underline{B}_o$, so läßt sich für diese Beweglichkeitsfunktion auch schreiben (vgl. Abs.2.8.):

$$\underline{B} = \underline{B}_u + \sum_e \underline{B}^{(')}(e) + \underline{B}_o \qquad (4.7)$$

mit

$$\underline{B}_u = -j / (m\omega) = \sum_e -j / m_e\omega \qquad (4.8)$$

$$\underline{B}_o = j\,k\omega = \sum_e j\,k_e\omega \qquad (4.9)$$

Gl.4.7 soll sowohl für das viskose Dämpfungsmodell, als auch für Strukturdämpfung gültig sein, was durch die Kennzeichnung $^{(')}$ der Standardfunktion deutlich gemacht werden soll.

Ferner soll für jedes Dämpfungsmodell ein Verfahren zur Verfügung stehen, welches brauchbare Näherungen bei der Ermittlung des e-ten Parametersatzes f_e, D_e und $\underline{B}_e$ bzw. f'_e, d_e und $\underline{B}'_e$ an einem mehrläufigen, nicht reinerregten Objekt liefert. Die Näherungen sollten umso besser sein, je weniger Überlagerungsanteile anderer Standardfunktionen die zu analysierende Standardfunktion stören, d.h. diese Verfahren sollten bei der Ermittlung eines Parametersatzes aus der Beweglichkeitsfunktion eines einläufigen Systems exakte Werte liefern. Solche Verfahren wurden in Abs.3.2. beschrieben.

Zur Anwendung dieser Parameterermittlungsmethoden ist die Kenntnis der Anzahl und ungefähren Lage der Eigenfrequenzen f_e (mit $e=1,2, \ldots , n$) notwendig. Ein Verfahren hierfür wurde in Abs.4.2. beschrieben.

Wenn diese Voraussetzungen erfüllt sind, dann kann ein Iterationsverfahren zur schrittweisen Verbesserung der n Parametersätze der Standardfunktionen $\underline{B}_{(e,L)}$ wie folgt aufgebaut werden:

Erste Iteration ($L=1$):

(1) Mit Hilfe einer der Parameterermittlungsmethoden wird in der Nähe der ersten Eigenfrequenz ($e=1$) durch Ausgleichsrechnung an der Originalfunktion $\underline{B}$ ein erster Parametersatz ermittelt.

(2) Dieser Parametersatz dient mit Gl.3.2 bzw. Gl.3.3 zur Berechnung einer Standardfunktion $\underline{B}^{(')}{}_{(1,1)}$.

(3) Berechnung der Differenzfunktion:

$$\underline{B}^{(')}{}_{(2,1)}\text{D} = \underline{B} - \underline{B}^{(')}{}_{(1,1)} \qquad (4.10)$$

(4) In Fortführung der ersten Iteration ($L=1$) wird aus diesem Differenzfrequenzgang in der Umgebung der nächsten Eigenfrequenzschätzung ($e=e+1$) mit dem Näherungsverfahren ein weiterer Parametersatz ermittelt und wieder die zugehörige Standardfunktion $\underline{B}^{(')}{}_{(e,1)}$ berechnet.

(5) Berechnung des Differenzfrequenzgangs mit:

$$\underline{B}^{(')}{}_{(e,1)}\text{D} = \underline{B} - \sum_{k=1}^{e-1} \underline{B}^{(')}{}_{(k,1)} \qquad (4.11)$$

(6) Wiederholung der Schritte (4) und (5) bis $e=n$.

(7) Getrennte Ermittlung der Parameter der entarteten Standardfunktionen m und k nach der Methode der kleinsten Fehlerquadrate im untersten bzw. obersten Frequenzbereich nach Gl.2.94.

Weitere Iterationen ($L>1$):

Im Unterschied zur ersten Iteration liegen nun Schätzwerte für alle modalen Parameter vor. Die Differenzfrequenzgangberechnung zur weiteren Verbesserung der Werte erfolgt daher mit allen bereits ermittelten Parametern, außer mit dem aktuell zu verbessernden Parametersatz:

(8) Umsetzen der Laufvariablen: $e=1$, $L=L+1$

(9) Berechnung eines Differenzfrequenzgangs:

$$\underline{B}^{(')}(e,L) = \underline{B} - \sum_{k \neq e}^{n} \underline{B}^{(')}(k,L) - j\,(\,k\omega - 1\,/\,(m\omega)) \tag{4.12}$$

unter Verwendung der jeweils aktuell ermittelten Parameter.

(10) Ermittlung eines neuen Parametersatzes durch Ausgleichsrechnung mit dem Näherungsverfahren in der Umgebung der e-ten Eigenfrequenz.

(11) Umsetzen der Laufvariable $e=e+1$.

(12) Wiederholung der Schritte (8) bis (11) bis $e=n$.

(13) siehe Schritt (7).

(14) Wiederholung der Schritte (8) bis (13) solange, bis ein geeignetes Abbruchkriterium erfüllt ist.

Damit ist das Verfahren in seiner Kurzform beschrieben. Zur Theorie des Konvergenzverhaltens sei in Ermangelung eines exakten Beweises folgender Gedankengang angeführt:

Gegeben sei eine Beweglichkeitsfunktion $\underline{B}$, die sich aus zwei Standardfunktionen zusammensetze:

$$\underline{B} = \underline{B}^{(')}(1) + \underline{B}^{(')}(2) \tag{4.13}$$

Der Einfachheit halber werde angenommen, daß sich die Parametersätze der beiden Standardfunktionen nur in der Eigenfrequenz unterscheiden, d.h.:

$$f^{(')}_1 <> f^{(')}_2$$
$$D_1 = D_2 \text{ bzw. } d_1 = d_2$$
$$\underline{B}^{(')}_1 = \underline{B}^{(')}_2 \tag{4.14}$$

Existiert nun ein Verfahren, das bei gegebenem bezogenen Mindesteigenfrequenzabstand in der Lage ist, aus der Funktion $\underline{B}$ (Gl.4.13) einen Satz modaler Parameter für die exakte Standardfunktion $\underline{B}^{(')}(1)$ näherungsweise so zu berechnen, daß mit der aus diesen Parametern berechneten Standardfunktion $\underline{B}^{(')}(1,1)$ gilt:

$$\mid Re(\underline{B}^{(')}(1)) - Re(\underline{B}^{(')}(1,1)) \mid \; < \; \mid Re(\underline{B}^{(')}(1)) \mid \qquad\qquad (4.15)$$

$$\mid Im(\underline{B}^{(')}(1)) - Im(\underline{B}^{(')}(1,1)) \mid \; < \; \mid (Im(\underline{B}^{(')}(1)) \mid \qquad\qquad (4.16)$$

und weist dieses Verfahren ein lineares Fehlerverhalten gegenüber Störungen durch andere Standardfunktionen auf (Fehler in der Berechnung der modalen Parameter wirken sich umso geringer aus, je kleiner die Störungen nach Gl.4.15 und Gl.4.16 durch andere Standardfunktionen werden), dann wird dieses Verfahren, wenn es zur Ermittlung der Parameter von $\underline{B}^{(')}(2)$ auf den Frequenzgang:

$$\underline{B}^{(')}(2,1) = \underline{B} - \underline{B}^{(')}(1,1) \qquad\qquad (4.17)$$

angewendet wird, für $\underline{B}^{(')}(2)$ bessere Ergebnisse liefern, als wenn die Berechnung direkt mit $\underline{B}$ durchgeführt werden würde.

Die Gl.4.15 und 4.16 stellen somit eine Konvergenzbedingung für das Iterationsverfahren unter den genannten, vereinfachten Bedingungen dar. Bei realen Objekten unterscheiden sich alle modalen Parameter der Standardfunktionen z.T. erheblich (z.B. die Kenn-Beweglichkeit um mehrere Zehnerpotenzen), und die angenommene Linearität im Fehlerverhalten trifft auf die im Abs.3. beschriebenen Methoden nicht zu.

In diesem Fall ist nicht ohne weiteres ersichtlich, daß mit diesem Iterationsverfahren der Einfluß der $k \neq e$ Standardfunktionen auf die e-te Standardfunktion schrittweise reduziert wird und somit ein Verfahren nach Abs.3. bei mehreren Iterationen verbesserte Parametersätze liefert. Aus diesem Grund wird das Konvergenzverhalten des Iterationsverfahrens im Abschnitt 4.3. empirisch dargelegt.

4.3.2. Abbruchkriterien

Es bleibt noch die Frage zu klären, wann das Iterationsverfahren abzubrechen ist. Hierzu kann eine fest eingestellte, empirisch ermittelte Anzahl von Iterationen festgelegt werden. Da jedoch die Konvergenz des Verfahrens nicht immer garantiert werden kann, ist es sinnvoll, nach anderen Kriterien zu entscheiden.

Im Hinblick auf die in den Verfahren nach Abs.3. geforderte Minimierung des quadratischen Fehlers der angepaßten Funktionen bietet sich als Hilfsmittel die Berechnung einer *bezogenen mittleren quadratischen Betragsabweichungswurzel* Δ_q (nachfolgend auch *Abweichung* genannt) zwischen den Beträgen der Ausgangsfunktion $\underline{B}$ und der aus den ermittelten Parametern berechneten Beweglichkeitsfunktion $\underline{B}^{(')}{}_{(e,L)}$ an:

$$\Delta_{q,e,IJ} = \frac{\sqrt{\sum_{i=1}^{n} \left(|\underline{B}_{IJ}| / |\underline{B}^{(')}{}_{(e,L)IJ}| - 1 \right)^2}}{n-1} \tag{4.18}$$

Im Gegensatz zu der sonst üblichen Angabe der Wurzel aus der mittleren quadratischen Abweichung ist dieser Wert dimensionslos und somit als Gütekriterium für eine Anpassung besser handhabbar. Da die Güte einer Anpassung vor allem in der Nähe der Eigenfrequenzen interessiert, genügt es, in die Berechnung nach Gl.4.18 Werte in der Umgebung der Eigenfrequenzen mit einzubeziehen (z.B. den Wertebereich, der für die Ausgleichsrechnung zur Anpassung der Standardfunktionen berücksichtigt wurde). Dies hat außerdem den Vorteil, daß die Anpassungsgüte der Standardfunktionen bis zu einem gewissen Grad einzeln untersucht werden kann.

Die so ermittelten Einzelabweichungen $\Delta_{q,e,IJ}$ lassen dann weitere statistische Auswertemöglichkeiten zu, wie z.B. die Berechnung des auf eine Eigenschwingung bezogenen arithmetischen Mittelwerts aller Einzelabweichungen:

$$\overline{\Delta}_{q,e} = \sum_{IJ=1}^{m} \Delta_{q,e,IJ} / m \tag{4.19}$$

oder hiermit die Berechnung des arithmetischen Mittels über alle Eigenschwingungen eines Objekts:

$$\overline{\Delta}_q = \sum_{e=1}^{n} \overline{\Delta}_{q,e} / n \tag{4.20}$$

mit m als Anzahl der zur Verfügung stehenden Frequenzgänge. Bedingungen zum Abbruch des Iterationsverfahrens können nun auf einer Abweichungsfolge, die sich im Iterationsverlauf ergibt, beruhen. So lassen sich als Kriterien einführen:

- Die Abweichung $\overline{\Delta}_q$ (oder $\overline{\Delta}_{q,e,IJ}$) unterschreitet einen vorher festgelegten Grenzwert.

- Die Abweichungsfolge nähert sich nach mehreren Iterationen einem Grenzwert (Konvergenz).

- Die Abweichungsfolge wächst monoton (Divergenz).

Während die erste Möglichkeit in der Praxis nur dann zum Ziel führt, wenn das vorhandene Datenmaterial mit großer Genauigkeit vorliegt und/oder der Grenzwert sehr hoch angesetzt wird, sollten die beiden anderen Kriterien kombiniert verwendet werden, und zwar derart, daß bei mehreren Iterationen die Ergebnisse der Iteration ausgewählt werden, bei der die geringste Abweichung auftritt, da es bei der Auswertung von Messungen mit großem Störanteil vorkommen kann, daß die Abweichungsfolge nach vorgehender Konvergenz plötzlich divergiert. In diesem Fall sollte das Verfahren nicht sofort abgebrochen werden, sondern geprüft werden, ob nach weiteren Iterationen nicht doch wieder Konvergenz eintritt.

4.3.3. Rechenprogramm

Zunächst wird in einem Vorprogramm anhand der Daten, die nach der Methode nach Abs.4.2. erstellt wurden (global und lokal ermittelte Eigenfrequenzen und Isolationsfaktoren), eine Matrix erstellt, deren Zeilenindex durch die ermittelten Näherungen für die Eigenfrequenzen definiert ist, und deren Spaltenindex die Reihenfolge der Frequenzgänge für diese Eigenfrequenzen festlegt, wie sie im Hauptprogramm zu analysieren sind. Entscheidungskriterium hierfür ist die Zuordnungsmöglichkeit der global ermittelten zu den lokal ermittelten Eigenfrequenzen mit Hilfe eines zuvor definierten Toleranzfrequenzbereichs sowie der jeweilige lokale Isolationsfaktor. Wenn in einem Frequenzgang in diesem Toleranzbereich keine Eigenfrequenz identifiziert wurde (z.B. wenn die Eigenschwingungsform an dieser Stelle einen Knoten aufweist), so wird der Isolationsfaktor dort zu Null gesetzt.

Es wird zur stabilen Ermittlung der Eigenfrequenzen und Dämpfungen angestrebt, daß die Ausgleichsrechnungen zunächst in den Frequenzgängen durchgeführt werden, an denen die betreffenden Standardfunktionen besonders ausgeprägt sind und somit die modalen Parameter besser ermittelbar sind. Dies hat eine bessere Konvergenz des Verfahrens bei der Ermittlung der globalen Parameter Eigenfrequenz und Dämpfung zur Folge, da diese Parameter über alle Frequenzgänge fortlaufend gemittelt werden.

Im Hauptprogramm *ANALYSE* wurde das in den Abs. 4.3.1. und 4.3.2. beschriebene Verfahren in der Sprache *FORTRAN* programmiert. Als Näherungsverfahren zur Ermittlung der modalen Parameter mit dem Modell einer Standardfunktion wurden die Verfahren nach Abs.3.2.2. und 3.2.3. implementiert. Alle Programme sind auf einem Personal-Computer nach Industriestandard lauffähig.

Als Eingabedaten werden alle verfügbaren Beweglichkeitsfrequenzgänge des Objekts sowie die oben beschriebenen Eigenfrequenznäherungen, Isolationsfaktoren (für eine gewichtete Mittlung der globalen Parameter) und die durch das Vorprogramm aufgestellte Matrix benötigt, die die Reihenfolge der Frequenzgänge bei der Analyse für jede Eigenschwingung getrennt vorgibt. Es wird davon ausgegangen, daß die Frequenzschrittweite in den Frequenzgängen zwar beliebig sein darf, jedoch in allen Frequenzgängen gleich sein muß. Mit dem unter dem Betriebssystem *MS-DOS 3.3* zur Verfügung stehenden Arbeitsspeicher von 640 kB können ca. 200 Frequenzgänge mit je 200 Frequenzstützstellen bei 30 gesuchten Eigenwertsätzen im Arbeitsspeicher gehalten werden. Darüber hinaus kann jedoch ein Plattenlaufwerk als virtueller Arbeitsspeicher genutzt werden, so daß praktisch eine beliebige Anzahl von Frequenzgängen parallel analysiert werden kann.

Die Programmstruktur ist aus dem schematisierten Flußdiagramm nach **Bild 4.8** ersichtlich. Beim Start des Programms werden einige Steuerparameter abgefragt, die z.B. die Wahl des Dämpfungsmodells, der Abbruchbedingungen, komplexe / reelle Analyse und einer Konvergenz-Dämpfung p betreffen. Mit dieser Größe wird ein Faktor q folgendermaßen definiert:

$$q = 1 - p / L \tag{4.21}$$

Die Dämpfung p sei im Intervall [0,1] definiert. Mit dem Faktor q wird dann die Gl.4.12 (bzw. Gl.4.10, 4.11) folgendermaßen modifiziert:

$$\underline{B}^{(')}{}_{(e,L)} = \underline{B} - q \sum_{k \neq e}^{n} \underline{B}^{(')}{}_{(k,L)} \tag{4.22}$$

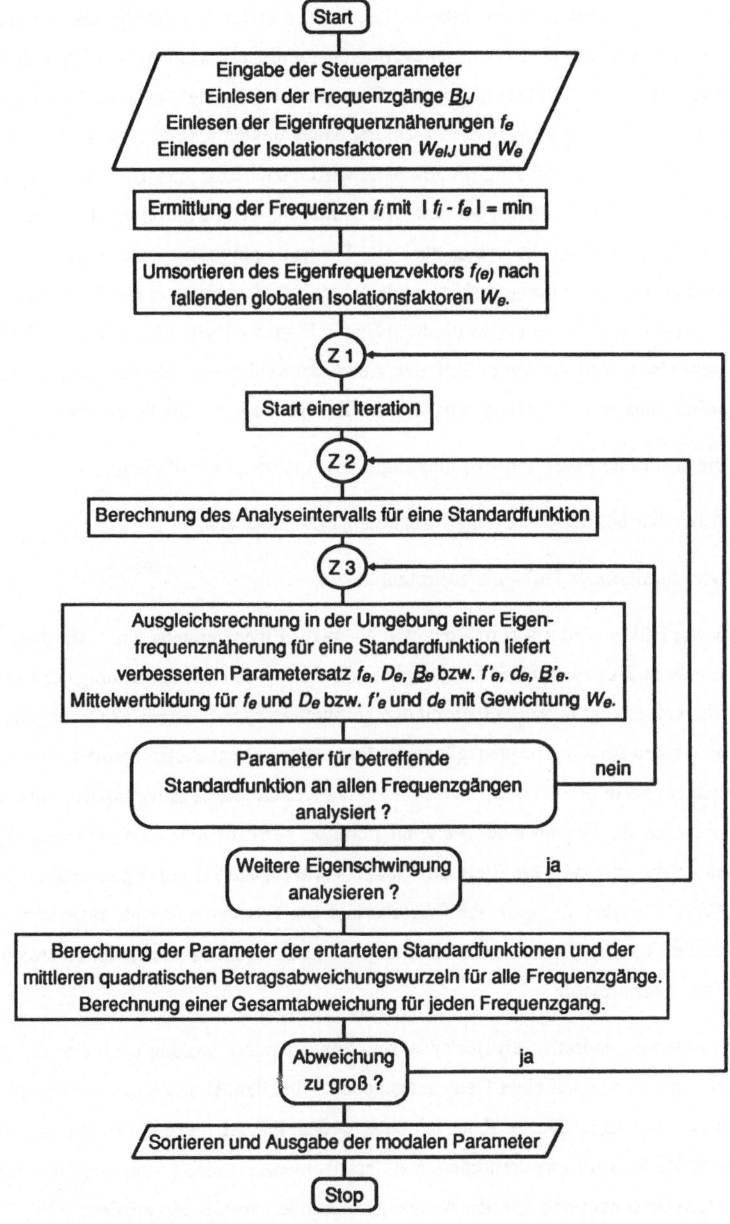

Bild 4.8: Flußdiagramm des Programms *ANALYSE*

Durch diese Maßnahme kann insbesondere bei den ersten Iterationen das in manchen Fällen stark variierende Konvergenzverhalten stabilisiert werden, was besonders bei dem Verfahren mit Kreisanpassung von Bedeutung ist, da hier bei einer Überlagerung mehrerer Standardfunktionen der Parameter Kenn-Beweglichkeit wegen der "Aufweitung" der Ortskurven oft zu groß geschätzt wird (siehe Bild 3.5). Geeignete Werte für p müssen empirisch ermittelt werden. Wesentlich für das Verfahren ist die fortgesetzte Mittlung der globalen Parameter über alle Frequenzgänge mit dem jeweiligen Isolationsfaktor als Gewichtung. Im Verlauf des Verfahrens kommt es besonders bei den Frequenzgängen vor, die einen für die betreffende Eigenfrequenz geringen Isolationsfaktor aufweisen, daß der erste Teil der Ausgleichsrechnung, der die Ermittlung der Eigenfrequenz und Dämpfung betrifft, unbefriedigende Resultate liefert, wenn also z.B.

- die ermittelte Eigenfrequenz außerhalb des Analyseintervalls liegt,

- Ausreißer bei der Dämpfungsberechnung erkennbar sind

- oder numerische Probleme auftreten.

In diesen Fällen wird mit dem alten Mittelwert für Eigenfrequenz und Dämpfung weitergerechnet. Der zweite Teil der Ausgleichsrechnung, d.h. die Ermittlung der Kennbeweglichkeit erfolgt in jedem Fall mit den gemittelten Eigenwerten. Am Ende jeder Iteration werden für alle Frequenzgänge die Parameter der entarteten Standardfunktionen berechnet und in der nächsten Iteration bei der Differenzfrequenzgangberechnung berücksichtigt. Zu Beginn jeder weiteren Iteration wird für jede Eigenschwingung ein neues Analyseintervall ermittelt. Die Schätzwerte für die Dämpfungen gehen dabei in der Weise ein, daß als optimaler Wertebereich ein Frequenzintervall angestrebt wird, das in der Standardfunktion des einläufigen Systems einen Phasenwinkelbereich von ca. $\pm 45^\circ$ überstreicht.

Die mittleren quadratischen Betragsabweichungswurzeln werden nach Abs.4.3.2. zusammengefaßt und auf einer Datei ausgegeben. Über den Abbruch des Verfahrens wird nach den dort angegebenen Kriterien entschieden. Die Ausgabe der Parameter erfolgt sortiert. Zu Kontrollzwecken können stichprobenweise einige Funktionen mit den Parametern berechnet und mit den Ausgangsfunktionen verglichen werden.

Dies ist das Programm in der Kurzbeschreibung. Es sei darauf hingewiesen, daß noch eine Reihe weiterer Maßnahmen notwendig ist, um die Stabilität des Verfahrens zu gewährleisten, worauf jedoch an dieser Stelle nicht eingegangen werden kann.

4.4.   Testergebnisse mit berechneten Beweglichkeitsfunktionen

4.4.1. Allgemeines

Nachfolgend einige Erläuterungen zur Problematik der Gütebeurteilung von Verfahren zur Ermittlung modaler Parameter aus gegebenen Frequenzgängen:

Da die exakten Parameter realer Objekte nur in seltenen Fällen mit hinreichender Genauigkeit bekannt sind, werden zur Prüfung von Verfahren zur Ermittlung modaler Parameter aus Systemverhältnisfunktionen meist aus vorgegebenen Parametern berechnete Frequenzgänge verwendet. Der Einfluß von Meßfehlern und dergleichen kann dabei durch Überlagerung der berechneten Funktionen mit einem Rauschsignal simuliert werden.

Die Güte eines Verfahrens wird dann in erster Linie danach beurteilt, inwieweit ermittelte und vorgegebene Parameter übereinstimmen. Die meisten Verfahren reagieren auf Störungen bei der Berechnung der Dämpfung am empfindlichsten. Der hieraus entstehende Fehler geht dann näherungsweise linear in die Ermittlung der Kenn-Systemverhältnisse ein.

Bei realen Objekten wird zur Prüfung meist die Anpassungsgüte herangezogen, d.h. es wird untersucht, inwieweit die aus den ermittelten Parametern berechneten Funktionen mit den vorgegebenen Frequenzgängen übereinstimmen (siehe Abs.4.3.2.). Diese globale Kontrolle kann jedoch nicht Fehler aufzeigen, die durch Kompensation der Parameterfehler keine oder nur minimale Abweichungen in den Frequenzgängen zur Folge haben [7].

Dies wird vor allem dann zum Problem, wenn die Anzahl der Eigenfrequenzen in dem ausgewerteten Frequenzbereich falsch geschätzt wurde, oder wenn der Einfluß von entarteten Standardfunktionen auf den ausgewerteten Frequenzbereich durch Näherungsansätze nur unzureichend berücksichtigt werden kann.

Bei komplizierten Objekten wie z.B. Werkzeugmaschinen ist es unter Umständen gar nicht sinnvoll, alle Eigenschwingungen in dem auszuwertenden Frequenzbereich mit einzubeziehen, da hier manche Eigenschwingungen einen sehr lokalen Charakter haben, und eine Einbeziehung in die Auswertung von Gestelleigenschwingungen mehr schaden als nützen würde.

Wenn aus diesem Grund solche lokale Eigenformen vernachlässigt werden, dann ergeben sich - auch wenn die übrigen Parameter als exakt vorausgesetzt seien - an den betreffenden Stellen vor allem in der Nähe schwach verformter Bereiche der übrigen Eigenformen z.T. erhebliche Abweichungen zwischen den gegebenen und den aus den Parametern berechneten Frequenzgängen. Eine Korrektur der so ermittelten Parameter im Hinblick auf eine möglichst gute Kurvenanpassung wäre in diesem Fall falsch, da diese Parameter dann Fehleranteile der vernachlässigten Parameter kompensieren müßten und somit selbst fehlerhaft wären. Das in Abs.4.3.1. formulierte Verfahren ist deshalb nicht in erster Linie auf eine möglichst gute Kurvenanpassung an gegebene Funktionen optimiert, sondern wurde im Hinblick auf eine möglichst konsistente Ermittlung der modalen Parameter auch bei einer falschen Schätzung von Lage und Anzahl der Eigenfrequenzen entwickelt, was notwendigerweise in einer bisweilen schlechten Kurvenanpassung resultiert, wenn nicht alle Eigenschwingungen in dem betreffenden Frequenzbereich berücksichtigt werden.

In den folgenden Unterabschnitten ist die Prüfung des Verfahrens nach verschiedenen Kriterien dargelegt.

4.4.2.   Analytische Teststruktur nach *EMAUG*

Es ist schwierig, die zahlreichen bereits veröffentlichten Verfahren zur Ermittlung modaler Parameter aus Zeitverläufen oder Frequenzgängen zu vergleichen, da zwar meist Testbeispiele durchgerechnet werden, die Testbedingungen jedoch in der Regel völlig unterschiedlich sind. Aus diesem Grund hat die *European Modal Analysis User's Group (EMAUG)* [79] 1987 eine analytische Teststruktur zur Prüfung von Verfahren zur Ermittlung modaler Parameter aus berechneten Zeitverläufen oder Systemverhältnis-Frequenzgängen vorgeschlagen, mit der die Mitglieder ihre in der Praxis angewendeten Verfahren testen und vergleichen sollten.

Nachfolgend sei die Teststruktur erläutert und das in den vorhergehenden Abschnitten erläuterte Auswerteverfahren hieran für den viskos gedämpften Fall (komplexe Eigenvektoren) geprüft. Auf die Behandlung der beiden weiteren Dämpfungsmodelle (viskose *Caughey*-Dämpfung bzw. Strukturdämpfung) sei an dieser Stelle verzichtet.

Die Struktur besteht aus einer Schwingerkette mit elf diskreten Massen, wobei die sechste mittlere Masse über ein Feder-Dämpfer-Glied gefesselt ist (**Bild 4.9**).

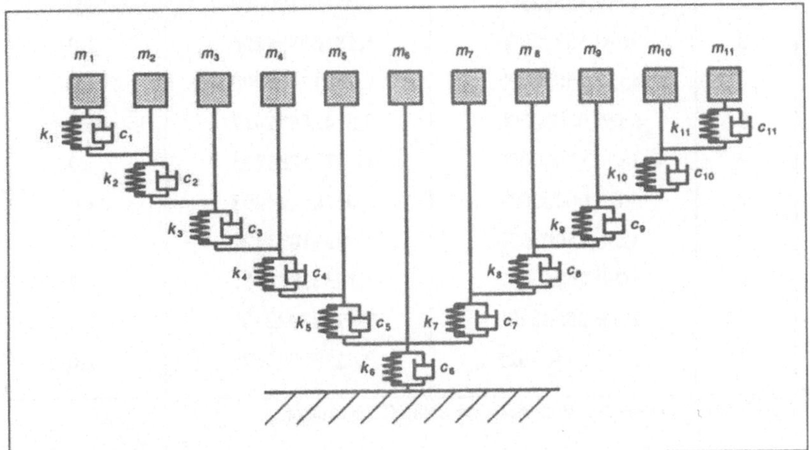

Bild 4.9: EMAUG - Teststruktur

In **Tabelle 4.1** sind die zugehörigen Kennwerte für die Federn k_i, die nichtproportionalen Dämpfer c_i und die Massen m_i angegeben. Anhand dieser Kennwerte läßt sich nach Gl.2.55 das allgemeine, nichtsymmetrische Eigenwertproblem formulieren und mit einem Standardalgorithmus (in diesem Fall die Routine *EIGRF* aus [77]) lösen. Die Ergebnisse dienen zur Berechnung einer Systemverhältnismatrix oder eines Teils davon. Die Berechnung sollte im Frequenzbereich von 0 bis 30 Hz mit maximal 520 Spektrallinien bei konstanter Frequenzschrittweite erfolgen.

Für diesen Test wurde die 4. Spalte der Beweglichkeitsmatrix herangezogen. Alle Berechnungen wurden mit 64 Bit - Gleitkommaarithmetik, d.h. mit ca. 15-stelliger Mantissengenauigkeit durchgeführt. Zunächst wurden - obgleich schon bekannt - Näherungen für die Eigenfrequenzen nach der in Abs.4.2.3. angegebenen Methode ermittelt. Hierbei konnten zwar alle Eigenfrequenzen identifiziert werden, es wurden jedoch weitere Frequenzen angezeigt, die aussortiert werden mußten. Diese Näherungen dienten als Eingabe für das Programm *ANALYSE*, mit dem die modalen Parameter ermittelt wurden.

i	k_i /mN^{-1}	c_i /m(Ns)$^{-1}$	m_i /kg
1	2421,37805625	0,69182230175	1,0
2	2989,35562500	1,06762700880	1,0
3	3690,56250000	1,58166964296	1,0
4	4556,25000000	2,27812500000	1,0
5	5625,00000000	3,21428571412	1,0
6	18000,0000000	11,5714285722	1,0
7	5625,00000000	4,01785714293	1,0
8	4556,25000000	3,57991071422	1,0
9	3690,56250000	3,16333928555	1,0
10	2989,35562500	2,77583022329	1,0
11	2421,37805625	2,42137805625	1,0

Tabelle 4.1: Kennwerte für die Elemente der *EMAUG*-Teststruktur

Um die maximalen Konvergenzeigenschaften zu testen, wurden hierbei 1000 Iterationen durchgeführt. Wegen der großen Datenmenge sei auf eine Angabe der Berechnungsergebnisse verzichtet. Der maximale relative Fehler der ermittelten Eigenfrequenzen bzw. *Lehr*'schen Dämpfungen betrug 10^{-10}.

Das Konvergenzverhalten des Verfahrens kann den **Bildern 4.10** und **4.11** entnommen werden. In den Bildern sind die Verläufe des auf eine Eigenschwingung bezogenen arithmetischen Mittelwerts (Gl.4.19) für alle 11 Eigenformen angegeben.

Die in beiden Diagrammen eingezeichnete dicke Linie markiert den Verlauf des über alle Eigenschwingungen berechneten arithmetischen Mittels der Abweichung nach Gl.4.20. Die Konvergenz verläuft nicht für alle Eigenformen gleichmäßig; zudem sind auch Sprünge erkennbar, die zu einer vorübergehenden Divergenz führen.

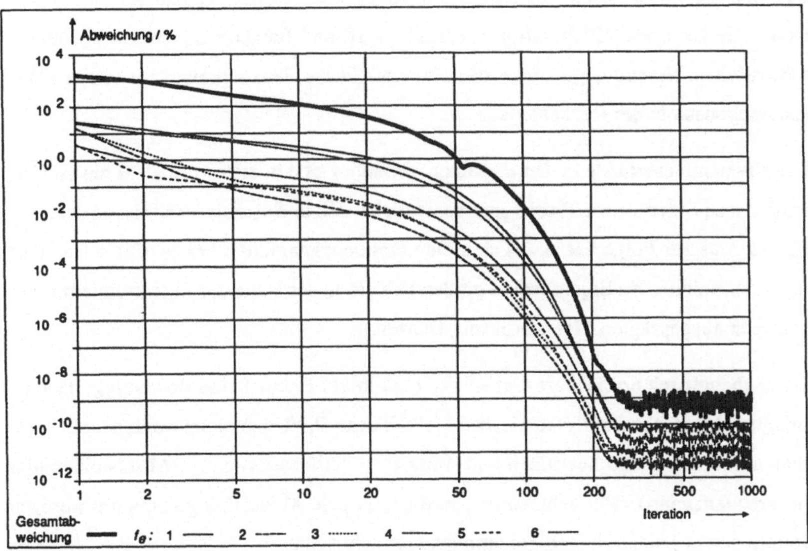

Bild 4.10: Konvergenzfunktionen für die ersten 6 Eigenschwingungen

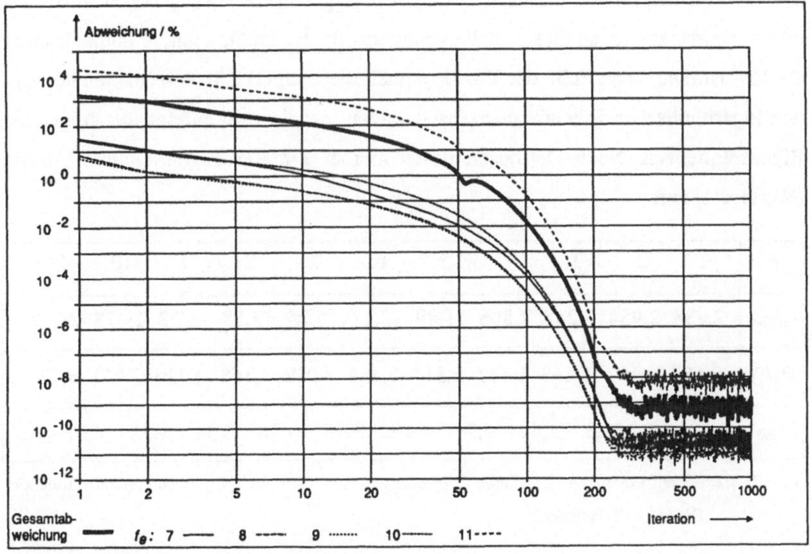

Bild 4.11: Konvergenzfunktionen für die Eigenschwingungen Nr. 7 - 11

Deutlich erkennbar ist die Grenze für die maximal erreichbare Genauigkeit der Parameter, die bei etwa 250 Iterationen erreicht wird und für jede Eigenform auf unterschiedlichem Niveau liegt. Diese maximal erreichbare Genauigkeit hängt von der Maschinenkonstante der Rechenanlage ab.

Die Niveauunterschiede in den einzelnen Verläufen sind in erster Linie auf die von Eigenform zu Eigenform z.T. sehr unterschiedlichen Kenn-Systemverhältnisse zurückzuführen, was zur Folge hat, daß sich kleine Frequenzgangfehler bei der Eigenfrequenz einer dominierenden Eigenform in großen Fehlern in der Nähe der Eigenfrequenz einer schwach ausgeprägten Eigenform fortpflanzen.

Diese theoretisch erreichbare Genauigkeit hat in der Praxis keine Bedeutung, da auch mit guter Meßtechnik mit statistischen Meßfehlern $> 0,1\%$ gerechnet werden muß. Zieht man außerdem Nichtlinearitäten und weitere Modellfehler wie z.B. Abschneidefehler im Frequenzgang in Betracht, dann wird die minimale Abweichung schon mit wenigen Iterationen auf einem hohen Fehlerniveau erreicht sein.

In **Tabelle 4.2** sind die ermittelten Eigenwerte in Form von Eigenfrequenzen und *Lehr*'schen Dämpfungen angegeben. Auf einen Vergleich von vorgegebenen und ermittelten Parametern sei an dieser Stelle verzichtet, da der größte relative Fehler kleiner als 10^{-9} ist. Die letzte Zeile der Tabelle enthält die nach Gl.2.88 berechneten bezogenen logarithmischen Eigenfrequenzabstände von jeweils zwei aufeinander folgenden Eigenfrequenzen. Nach Definition treten hierbei 2 *kleine* Eigenfrequenzabstände (Werte < 1) auf.

e	1	2	3	4	5	6	7	8	9	10	11
f_e/Hz	2,738	2,954	7,248	7,805	11,49	12,12	15,05	15,58	18,53	19,28	28,58
D_e/%	0,553	0,597	1,463	1,577	2,314	2,454	3,019	3,168	3,726	3,911	5,771
δ_{ek}	6,60	48,3	2,44	9,94	1,12	3,96	0,56	2,52	0,52	4,07	

Tabelle 4.2: Eigenfrequenzen, *Lehr*'sche Dämpfungen und bezogene Eigenfrequenzabstände der *EMAUG* - Teststruktur

4.4.3. Testergebnisse von einer Struktur mit 3 Eigenschwingungen

4.4.3.1. Testvoraussetzungen

Für einen Test des Iterationsverfahrens mit den verschiedenen Dämpfungsmodellen und mit fehlerbehafteten Beweglichkeitsfunktionen sei jetzt eine vereinfachte Struktur mit 7 Stellen und 3 Eigenschwingungen angenommen. Die Struktur sei durch ihre modalen Parameter, d.h. Eigenfrequenzen, Dämpfungen und Kenn-Beweglichkeiten gegeben. Es wurden die folgenden Modelle berücksichtigt:

- Fall 1: viskose Dämpfung, reelle Eigenformen (Kreisanpassung)

- Fall 2: viskose Dämpfung, komplexe Eigenformen

- Fall 3: Strukturdämpfung, komplexe Eigenformen

e	1	2	3
$f^{(')}{}_e$ /Hz	40,0	45,0	55,0
D_e bzw. d_e /%	4,75	10,0	7,0
$\underline{B}^{(')}{}_{e,00}$/mN^{-1}s^{-1}	475,28 - j 88,000	28315, - j 3400,0	48498, + j 8800,0
$\underline{B}^{(')}{}_{e,01}$/mN^{-1}s^{-1}	1407,0 - j 240,00	-18765, - j 600,00	62387, - j 20800,
$\underline{B}^{(')}{}_{e,02}$/mN^{-1}s^{-1}	-1188,2 + j 220,00	4068,0 - j 1100,0	37683, - j 300,0
$\underline{B}^{(')}{}_{e,03}$/mN^{-1}s^{-1}	3440,0 - j 760,00	- 61611, - j 3200,0	103486 + j 24800,
$\underline{B}^{(')}{}_{e,04}$/mN^{-1}s^{-1}	-2376,4 + j 440,00	18227, - j 2800,0	8834,4 + j 800,00
$\underline{B}^{(')}{}_{e,05}$/mN^{-1}s^{-1}	2248,9 + j 240,00	25492, +j 200,00	12125, + j 2200,0
$\underline{B}^{(')}{}_{e,06}$/mN^{-1}s^{-1}	5190,4 - j 920,00	39483, +j 2800,0	85999, + j 14400,
δ_{ek} $(k=e+1)$	0,80		1,18

Tabelle 4.3: Eigenfrequenzen, Dämpfungen, Kenn-Beweglichkeiten und bezogene Eigenfrequenzabstände der Teststruktur

Die vorgegebenen Werte können der **Tabelle 4.3** entnommen werden. Für den Test wurden bei allen Dämpfungsmodellen diese Werte eingesetzt. Da bei kleinen Dämpfungswerten näherungsweise $d_e = D_e$ gilt, können für alle Modelle dieselben Werte eingesetzt werden, ohne die Vergleichbarkeit der Tests wesentlich zu stören. Für die Auswertung stand somit für jedes Modell ein Satz von 7 Frequenzgängen zur Verfügung. Eine Ausnahme stellt das Modell mit reellen Eigenformen dar (Kreisanpassung), da hier bei der Berechnung der Beweglichkeitsfunktionen die Imaginärteile der Kenn-Beweglichkeiten gleich 0 gesetzt wurden. Die Zuordnung der Auswerteverfahren erfolgte wieder wie in Abs.3.3.1.. Der bezogene Eigenfrequenzabstand zwischen den ersten beiden Eigenfrequenzen ist trotz des großen absoluten Frequenzabstandes aufgrund der hohen Dämpfung der zweiten Eigenschwingung *klein*; zwischen den beiden letzten Eigenfrequenzen liegt er etwas über 1. Die vorgegebenen Frequenzgänge wurden zwischen 10 und 100 Hz mit 150 äquidistanten Stützstellen und 64-Bit Gleitkomma-Arithmetik berechnet. Für das Programm *ANALYSE* wurden die Eigenfrequenznäherungen 39,5 , 44,3 und 54,8 Hz vorgegeben. Die Tests sollen einerseits das Konvergenzverhalten des Verfahrens für alle drei Dämpfungsmodelle belegen; zum Vergleich soll dann bei allen Modellen das Verhalten bei simulierten statistischen Meßfehlern in den Beweglichkeitsfunktionen gezeigt werden. Hierzu wurden die Beweglichkeitsfunktionen durch einen Generator, der normalverteilte Zufallszahlen erzeugt, derart verändert, daß eine Standardabweichung von 1% des Maximalbetrags der Originalfunktion erreicht wurde (additiver Fehler). Zusätzlich wurden diese Werte dann noch durch eine Störung mit 0,1 % Standardabweichung vom jeweils aktuellen Wert beaufschlagt (multiplikativer Fehler). Um den Umfang der Untersuchung in Grenzen zu halten, sei auf die Angabe der ermittelten modalen Parameter bei der Durchführung der Analyse an den Originalfunktionen völlig verzichtet. Ersatzweise wird hier der maximale Fehler aller Parameter angegeben. Bei der Analyse der fehlerbehafteten Funktionen werden jeweils die berechneten Eigenwerte tabellarisch aufgeführt.

4.4.3.2.   Fall 1: Viskose Dämpfung, reelle Eigenformen

Zur Analyse wurde das Verfahren mit Kreisanpassung für reelle Eigenformen eingesetzt. Bei der Analyse der Originalfunktionen wurden alle modalen Parameter mit einem relativen Fehler $< 10^{-4}$ ermittelt. Die zugehörigen Konvergenzfunktionen können **Bild 4.12** entnommen werden. Bei den fehlerbehafteten Frequenzgängen sind die Konvergenzmöglichkeiten des Verfahrens naturgemäß stark eingeschränkt. Dies ist aus **Bild 4.13** zu erkennen.

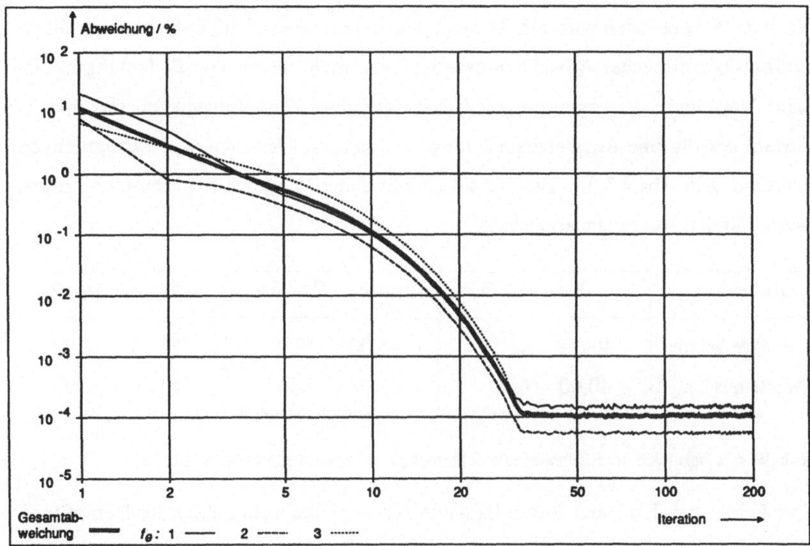

Bild 4.12: Konvergenzfunktionen bei der Analyse der Originalfrequenzgänge (Fall 1)

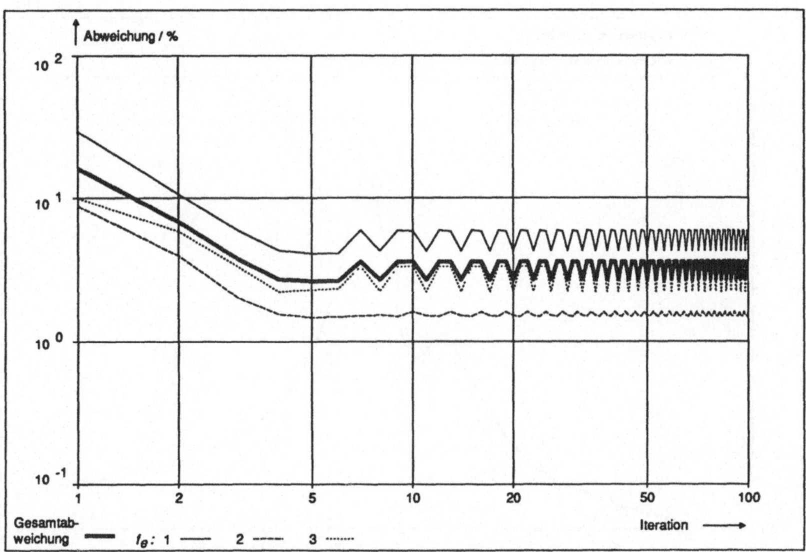

Bild 4.13: Konvergenzfunktionen bei fehlerbehafteten Frequenzgängen (Fall 1)

Nach ca. 5 Iterationen wird ein Abweichungsminimum erreicht, dann beginnt ein periodisch oszillierender Abweichungsverlauf, der nicht weiter von Bedeutung ist und seine Ursache in der gegenseitigen Abhängigkeit des Dämpfungsparameters und der Anzahl der für eine Ausgleichsrechnung verwendeten Werte hat (siehe Programmbeschreibung in Abs.4.3.3.). **Tabelle 4.4** enthält einen Vergleich der ermittelten Eigenwerte mit den Ausgangsparametern.

Bemerkung	f_1 /Hz D_1 /%	f_2 /Hz D_2 /%	f_3 /Hz D_3 /%
exakte Werte	40,00 4,75	45,00 10,0	55,00 7,00
Werte aus Fall 1	40,00 4,40	45,07 9,43	54,99 6,99

Tabelle 4.4: Vergleich der Eigenwerte für fehlerbehaftete Frequenzgänge nach Fall 1

Der Fehler bei den Kenn-Beweglichkeiten ist ungefähr zum Fehler der Dämpfungen proportional. Zur Abschätzung der Anpassungsgüte seien die 2 Frequenzgänge $\underline{B}_{00}$ und $\underline{B}_{06}$ ausgewählt (siehe Tabelle 4.3).

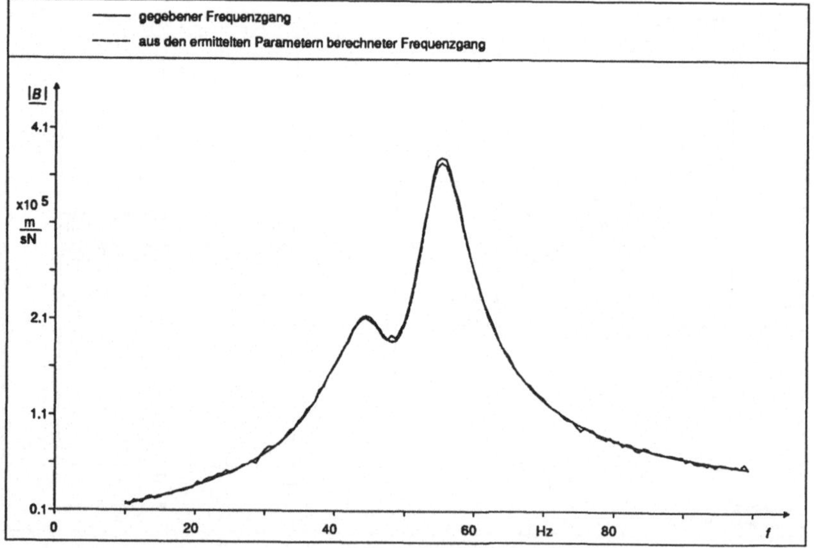

Bild 4.14: Vergleich von ermitteltem mit gegebenem Betragsfrequenzgang $\underline{B}_{00}$ (Fall 1)

Die Bilder 4.14 und **4.15** zeigen jeweils den aus den Originalparametern und mit simulierten Meßfehlern berechneten Betragsfrequenzgang im Vergleich mit der aus den analysierten Parametern berechneten Betragsfunktion. Die Güte der Anpassung ist ausreichend.

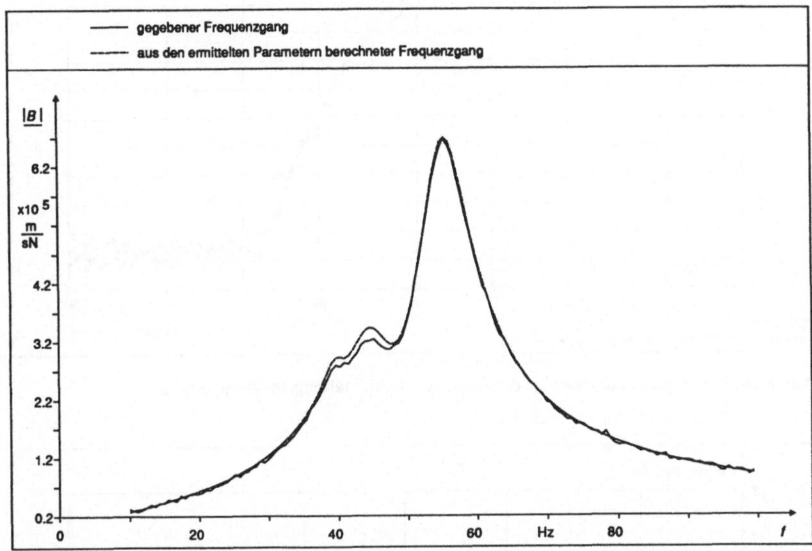

Bild 4.15: Vergleich von ermitteltem und gegebenem Betragsfrequenzgang B_{06} (Fall 1)

4.4.3.3.   Fall 2: Viskose Dämpfung, komplexe Eigenformen

Die jetzt mit komplexen Kenn-Beweglichkeiten berechneten Frequenzgänge wurden mit dem viskosen Dämpfungsmodell über die Umformung der Standardfunktion nach Abs.3.2.3.1. durch das Programm *ANALYSE* ausgewertet. Bei der Analyse der Originalfrequenzgänge wurden alle modalen Parameter mit einem relativen Fehler $< 10^{-10}$ ermittelt. **Bild 4.16** zeigt die zugehörige Konvergenzfunktion.

Die Analyse der fehlerbehafteten Frequenzgänge ergibt wieder ein entsprechend höheres Fehlerniveau, bei dem keine weitere Konvergenz mehr möglich ist (**Bild 4.17**). Das nach 5 Iterationen erreichte Abweichungsminimum bleibt im weiteren Verlauf in etwa konstant.

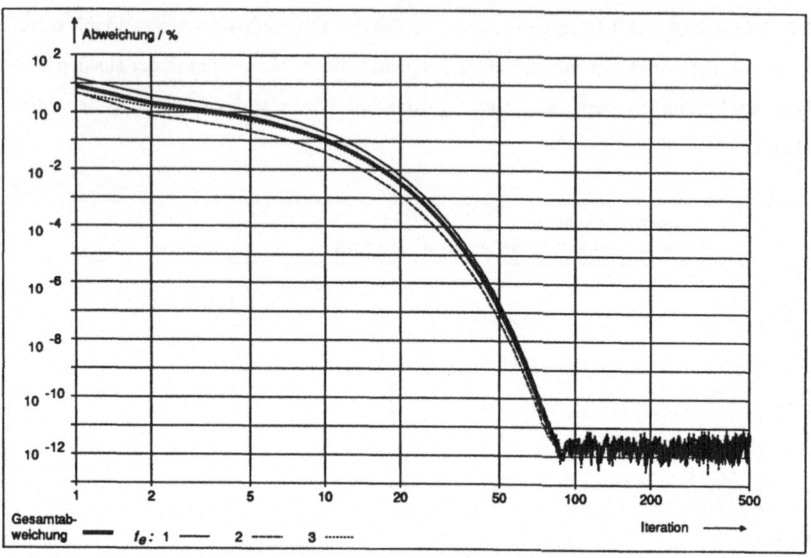

Bild 4.16: Konvergenzfunktionen bei der Analyse der Originalfrequenzgänge (Fall 2)

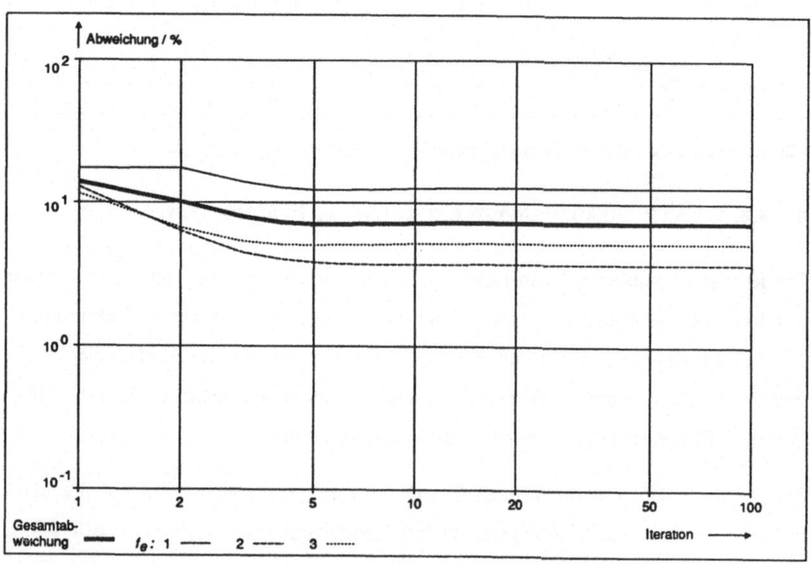

Bild 4.17: Konvergenzfunktionen bei fehlerbehafteten Frequenzgängen (Fall 2)

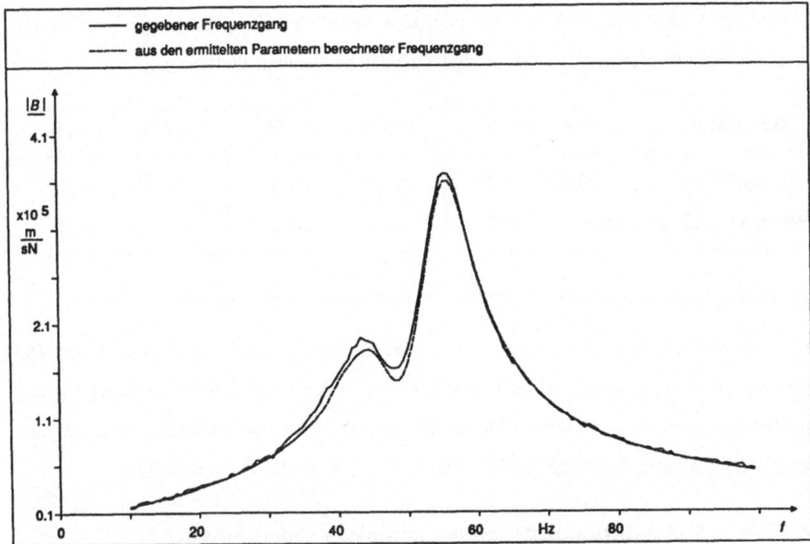

Bild 4.18: Vergleich von ermitteltem mit gegebenem Betragsfrequenzgang $\underline{B}_{00}$ (Fall 2)

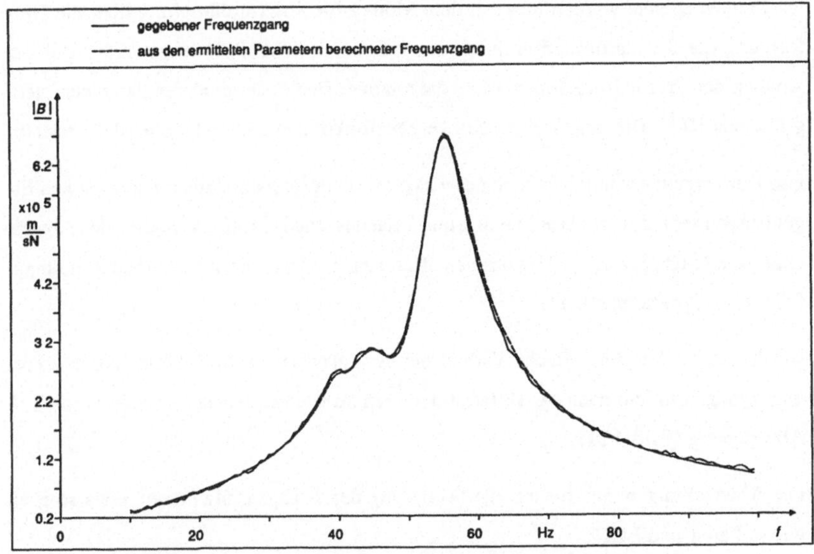

Bild 4.19: Vergleich von ermitteltem mit gegebenem Betragsfrequenzgang $\underline{B}_{06}$ (Fall 2)

In **Tabelle 4.5** können wieder die aus den fehlerbehafteten Frequenzgängen ermittelten Eigenwertparameter mit den Originalparametern verglichen werden.

Bemerkung	f_1 /Hz	D_1 /%	f_2 /Hz	D_2 /%	f_3 /Hz	D_3 /%
exakte Werte	40,00	4,75	45,00	10,0	55,00	7,00
Werte aus Fall 2	39,89	4,91	46,10	10,4	54,99	7,25

Tabelle 4.5: Vergleich der Eigenwerte für fehlerbehaftete Frequenzgänge nach Fall 2

Die Abweichungen der Parameter sind im Mittel etwa so groß wie bei Fall 1. Zur Beurteilung der Anpassungsgüte dient wie beim Fall 1 der Vergleich der aus den Originalparametern und der aus den ermittelten Parametern berechneten Betragsfrequenzgänge. **Bild 4.18** zeigt den Vergleich für $\underline{B}_{00}$, **Bild 4.19** für die Funktion $\underline{B}_{06}$.

4.4.3.4.   Fall 3: Strukturdämpfung, komplexe Eigenformen

Die mit komplexen Kenn-Beweglichkeiten, aber jetzt mit Strukturdämpfung berechneten Frequenzgänge wurden hier mit dem Modell für Strukturdämpfung über die Umformung der Standardfunktion durch das Programm *ANALYSE* ausgewertet. Bei der Analyse der Originalfunktionen waren die relativen Fehler der modalen Parameter nicht größer als 10^{-11}. Die zugehörigen Konvergenzfunktionen sind in **Bild 4.20** dargestellt.

Das Konvergenzverhalten ist dem des viskosen Dämpfungsmodells mit komplexen Eigenformen sehr ähnlich. Wie in Fall 1 und 2 hat das stochastische Verhalten des Abweichungsverlaufs nach ca. 100 Iterationen offenbar seine Ursache in zufälligen Rundungsfehlern im Programmablauf.

Der hierzu im Vergleich flache Verlauf bei der Auswertung der fehlerbehafteten Frequenzgänge erreicht nach ca. 10 Iterationen ein konstantes Niveau unterhalb von 8 % Abweichung **(Bild 4.21)**.

Die Abweichungen sind bis auf die Dämpfung der 1. Eigenschwingung etwa so groß wie in Fall 1 und Fall 2.

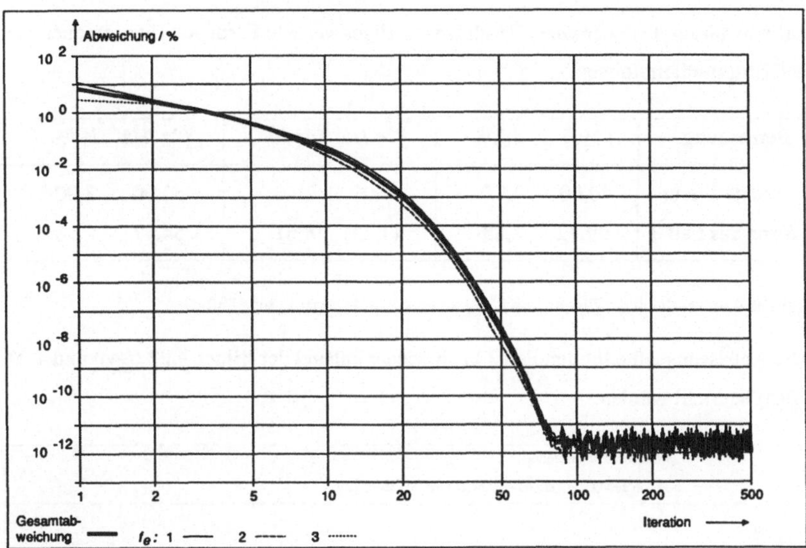

Bild 4.20: Konvergenzfunktionen bei der Analyse der Originalfrequenzgänge (Fall 3)

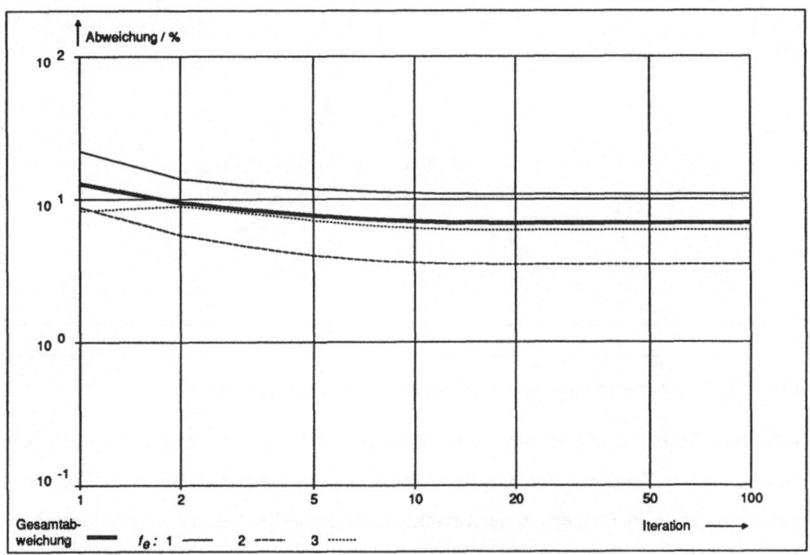

Bild 4.21: Konvergenzfunktionen bei fehlerbehafteten Frequenzgängen (Fall 3)

Tabelle 4.6 zeigt wieder einen Vergleich der Eigenwerte in Form von Eigenfrequenzen und Strukturdämpfungen.

Bemerkung	f'_1 /Hz d_1 /%	f'_2 /Hz d_2 /%	f'_3 /Hz d_3 /%
exakte Werte	40,00 4,75	45,00 10,0	55,00 7,00
Werte aus Fall 3	39,42 2,85	44,73 8,61	54,97 6,96

Tabelle 4.6: Vergleich der Eigenwerte für fehlerbehaftete Frequenzgänge Fall 3

Die Anpassungsgüte für den Fall 3 kann wieder anhand der **Bilder 4.22** ($\underline{B}_{00}$) und **4.23** ($\underline{B}_{06}$) beurteilt werden.

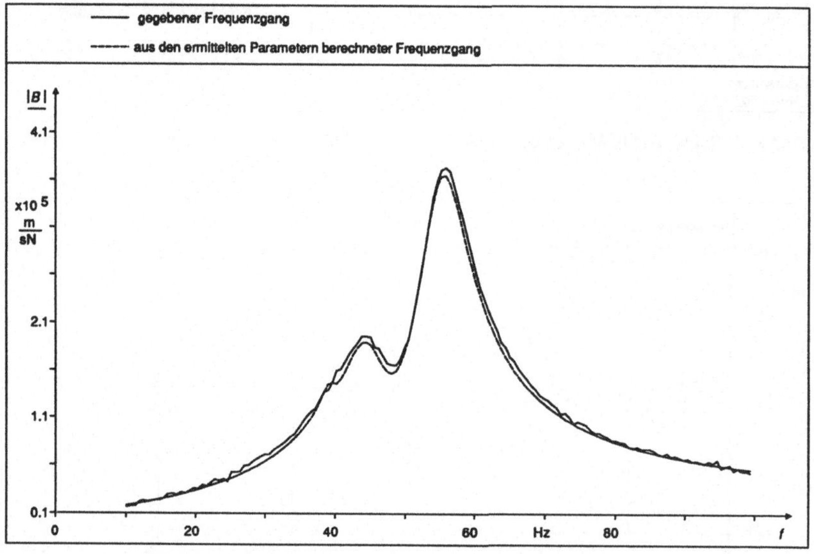

Bild 4.22: Vergleich von ermitteltem mit gegebenem Frequenzgang $\underline{B}_{00}$ (Fall 3)

Alle diese Tests haben Stichprobencharakter. Anhand der berechneten Abweichungen ist ein exakter Vergleich der Empfindlichkeit des Verfahrens in Bezug auf zufällige Fehler in den Frequenzgängen der verschiedenen Modelle wegen mangelnder statistischer Signifikanz nicht möglich. Hierzu müßte eine größere Zahl verschiedener Strukturen mit unterschiedlich großen Frequenzgangfehlern untersucht werden, was jedoch den Rahmen dieser Untersuchung sprengen würde.

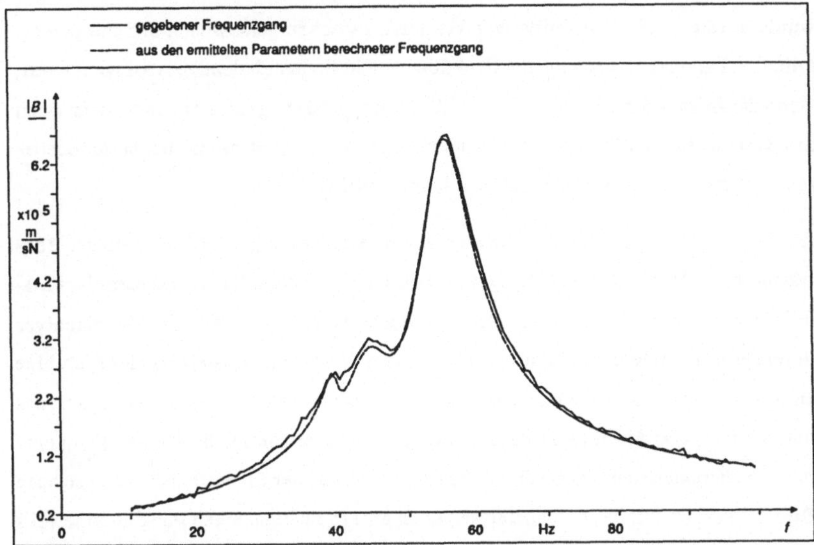

Bild 4.23: Vergleich von ermitteltem mit gegebenem Frequenzgang $\underline{B}_{06}$ (Fall 3)

4.5.   Beurteilung der Testergebnisse und praktischer Einsatz

Die vorhergehenden Abschnitte belegen stichprobenartig die Brauchbarkeit des Verfahrens unter verschiedenen Bedingungen. So wurde einerseits die Konvergenz bei Datensätzen mit vielen parallel zu berücksichtigenden Eigenformen empirisch nachgewiesen, andererseits eine ausreichende Stabilität bei fehlerbehafteten Datensätzen festgestellt.

Die angegebenen Teilabschnitte des Verfahrens lassen sich gegebenenfalls gegen andere Module auswechseln. Dies betrifft z.B. die in Abs.4.2.2. angegebenen Methoden zur Eigenfrequenzerkennung, aber auch die Berechnung der modalen Parameter im Rahmen des Iterationsverfahrens. Es wäre auch denkbar, die Eigenwerte fest vorzugeben, d.h. mit einem anderen Verfahren zu berechnen und nur die Kenn-Beweglichkeiten als freie Parameter zu ermitteln.

Wie bereits erwähnt, kann die Genauigkeitsprüfung von Verfahren zur Ermittlung modaler Parameter sinnvoll nur an berechneten Funktionen durchgeführt werden, da nur hier die exakten Parameter bekannt sind. Tests an gemessenen Funktionen können jedoch ergänzend zur qualitativen Beurteilung der Stabilität durchgeführt werden. Es

wurde gezeigt, daß ein quantitativer Vergleich zwischen gemessenen und mit den ermittelten Parametern berechneten Funktionen nicht immer eindeutige Aussagen liefert,
wenn die Anzahl der relevanten Standardfunktionen falsch geschätzt wurde, oder wenn
das System ein nichtlineares Verhalten aufweist, was normalerweise bei komplizierte-
ren Objekten wie Werkzeugmaschinen immer zutrifft.

Als Beispiel für eine praktische Anwendung sei wieder die in Abs.1. eingeführte Bettfräsmaschine (Bild 1.2) herangezogen. An dieser Maschine sollte im Rahmen einer Sta-
bilitätsuntersuchung (instabiler Schnittprozeß) eine experimentelle Modalanalyse
durchgeführt werden, um Abhilfemöglichkeiten durch eine Versteifung der Maschine
zu prüfen. Die Maschine weist nach Bild 1.3 ein sehr kompliziertes Verhalten auf, das
durch eine große Anzahl von Eigenschwingungen in einem relativ kleinen Frequenzbereich charakterisiert ist (Tab.1.1). Dies geht auch aus der Eigenfrequenzanalyse nach
Bild 4.7 hervor. Für die Modalanalyse wurde an 118 maßgeblichen Punkten in jeweils
drei Richtungen die Beschleunigung bei der in Bild 1.2 angegebenen Erregung im
Bereich von 60 - 85 Hz gemessen. Die Frequenzgänge wurden in das Systemverhältnis
Beweglichkeit umgerechnet.

Die Auswertung erfolgte mit dem Programm *ANALYSE*, wobei wegen der einfacheren
grafischen Darstellbarkeit der Eigenschwingungsformen das Modell mit reellen Kenn-
Beweglichkeiten und Kreis- und Phasenwinkelanpassung bei viskoser Dämpfung verwendet wurde.

Zur qualitativen Kontrolle seien gemessene Frequenzgänge exemplarisch herangezogen, die jeweils mit den aus den modalen Parametern ermittelten Frequenzgängen verglichen werden können. Die **Bilder 4.24** und **4.25** zeigen das Ergebnis für den in Bild
1.2 eingezeichneten Meßpunkt in x-, bzw. in z-Richtung (die Beweglichkeit in y-Rich-
tung ist verhältnismäßig klein). Den Umständen entsprechend kann das Ergebnis als
befriedigend angesehen werden, wobei nochmals darauf hingewiesen werden soll, daß
das Auswerteverfahren nicht auf eine optimale Kurvenanpassung unter allen Umständen ausgelegt ist, da es bei den Ausgleichsrechnungen für jede Standardfunktion nur
den entscheidenden Anteil des Frequenzgangs in der Nähe der Systemeigenfrequenzen
berücksichtigt.

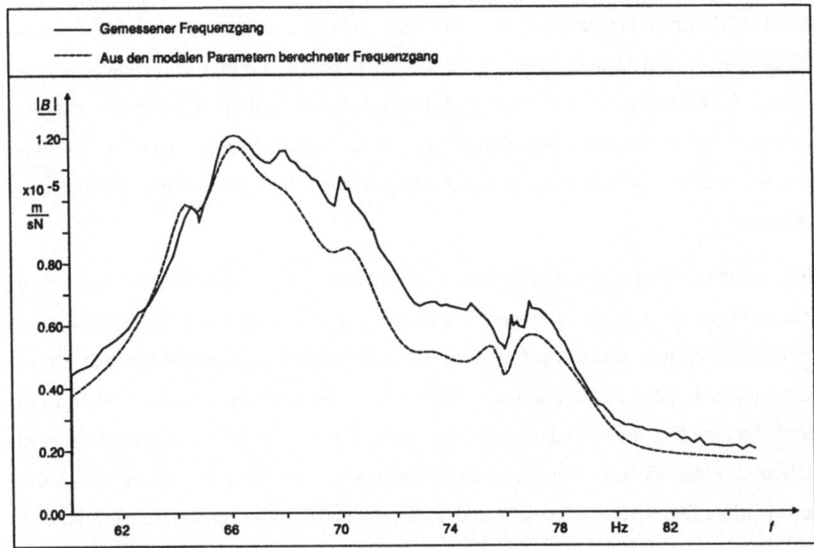

Bild 4.24: Prüfung der Kurvenanpassung am Meßpunkt in x-Richtung

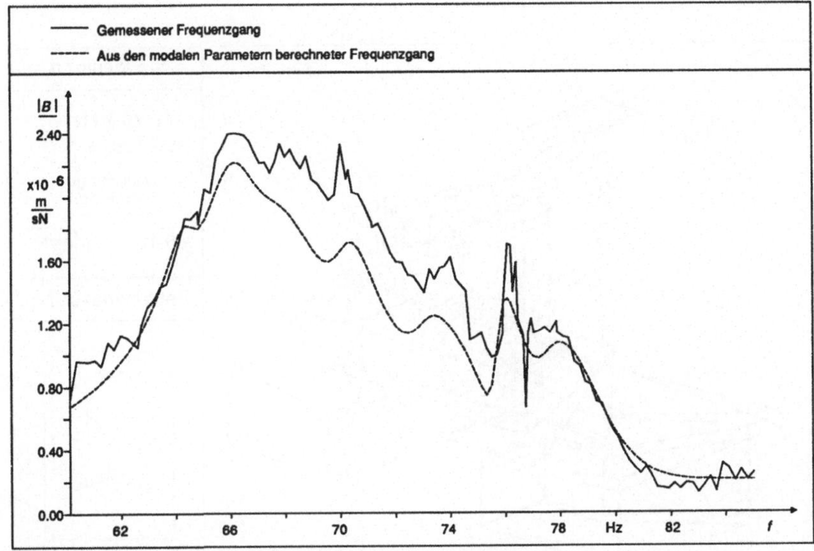

Bild 4.25: Prüfung der Kurvenanpassung am Meßpunkt in z-Richtung

Hierdurch können im Gesamtergebnis bei Nichtlinearitäten oder bei einer nicht korrekten Schätzung von Lage und Anzahl der Eigenfrequenzen im Frequenzgang Superpositionsfehler auftreten, die nicht notwendigerweise eine fehlerhafte Parameterschätzung anzeigen. In den Bildern 4.24 und 4.25 kann dieser Sachverhalt dahingehend interpretiert werden, daß zwischen den Frequenzgängen in erster Linie Niveauabweichungen auftreten.

Die ermittelten Eigenschwingungsformen zeigen eine meist gute Konsistenz und lassen Rückschlüsse über die Ursache der Vielfalt von Eigenschwingungen in diesem relativ schmalen Frequenzbereich zu: Offensichtlich führt der hinten obenauf sitzende Motor (als Quader in Bild 1.2 zu erkennen) Starrkörpereigenschwingungen im Verbund mit der Maschine aus, deren Eigenfrequenzen im Bereich der Gestellresonanzen liegen, so daß es zu einer Vielzahl von Eigenschwingungen kommt, die sich z.T. nur wenig unterscheiden. Die **Bilder 4.26, 4.27** und **4.28** zeigen drei Eigenschwingungen, die sich einerseits durch die Bewegung des Motors, andererseits durch die Verformung des Ständers (Bild 4.26: Biegung um die y-Achse; Bilder 4.27 und 4.28: Torsion um die z-Achse) unterscheiden.

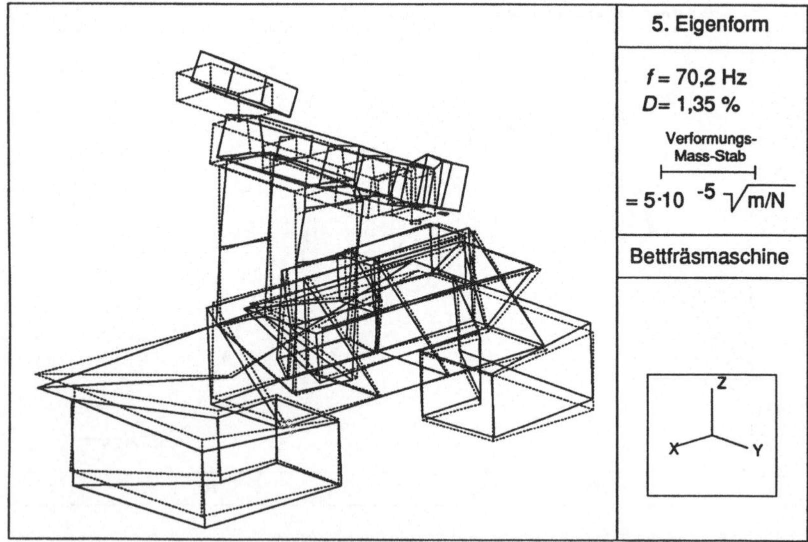

Bild 4.26: 5. Eigenschwingungsform, Ständerbiegung

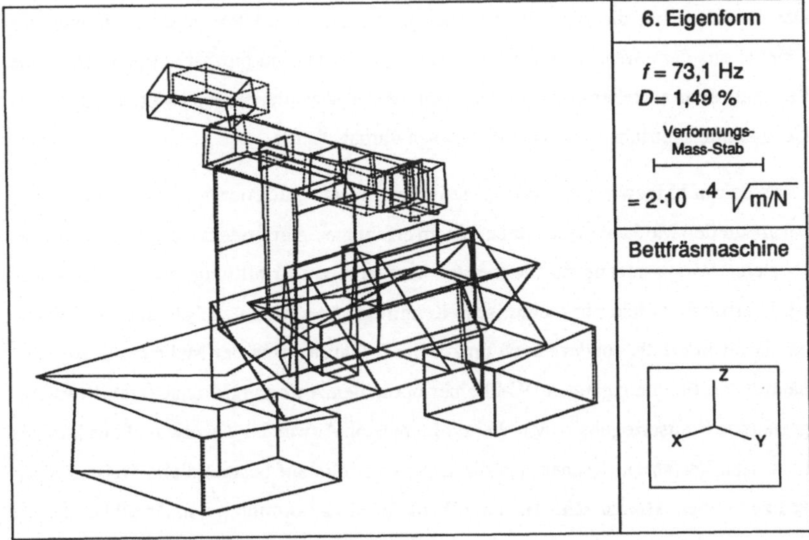

Bild 4.27: 6. Eigenschwingungsform, Ständertorsion

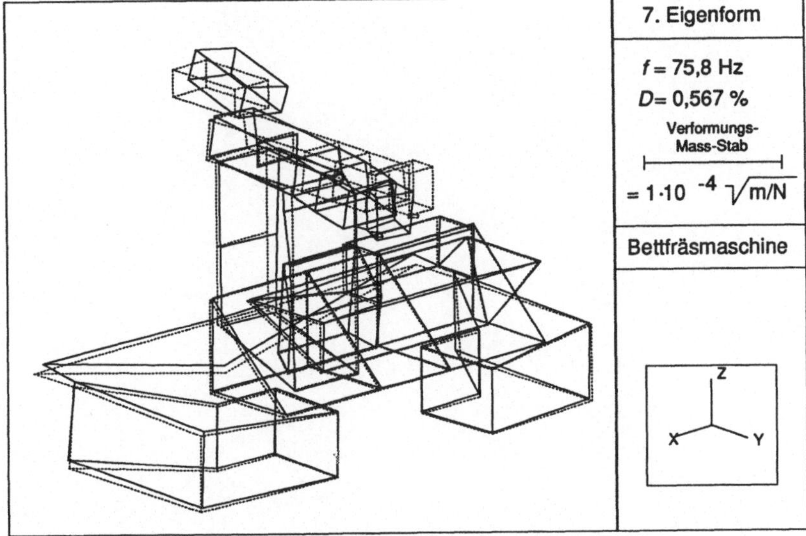

Bild 4.28: 7. Eigenschwingungsform, Ständertorsion

Der Verfasser hat die oben beschriebenen Verfahren und Programme auf mehrere Objekte aus dem Werkzeugmaschinenbau angewendet und hierbei zufriedenstellende Resultate erzielt. Neben Gestelluntersuchungen wurden hierbei auch Modalanalysen an Übersetzungsgetrieben von Hauptantrieben durchgeführt.

Es sei darauf hingewiesen, daß im praktischen Einsatz gute Auswerteresultate einer experimentellen Modalanalyse nur bei einem erfahrenen Anwender zu erwarten sind, was aber eine Voraussetzung für die meisten Verfahren zur Ermittlung modaler Parameter ist. Hierfür sind nicht nur theoretische Kenntnisse über Modalanalyse und Strukturdynamik erforderlich, sondern auch praktische Erfahrungen in der Meßtechnik zur Aufnahme von Frequenzgängen (Wahl einer optimalen Anregung, frequenzschrittweitengesteuerte Sinuserregung usw.). Weiterhin muß ein Anwender Theorie und Struktur des benutzten Verfahrens kennen, um die Charakteristika auf bestmögliche Weise ausnutzen zu können. Hierzu zählt auch die Wahl der Modellordnung, d.h. Anzahl und Lage auszuwertender Eigenfrequenzen. Unter diesen Voraussetzungen lassen sich auch unter schwierigen Bedingungen befriedigende Resultate erzielen.

5.   Methoden zur Untersuchung nichtlinearer Objekte

5.1.   Einführung

In Abs.1.1. wurde im Zusammenhang mit dem dort eingeführten Anwendungsbeispiel "Bettfräsmaschine" auf die Schwierigkeit der Identifikation modaler Parameter von mechanisch komplizierten Objekten hingewiesen. Besonders problematisch machen sich hierbei Nichtlinearitäten bemerkbar, die in manchen Fällen so groß sein können, daß die Anwendbarkeit der modalen Beschreibung in Frage gestellt werden muß. Daher sollten experimentellen Modalanalysen immer Linearitätsprüfungen vorangestellt werden, um bei Nichtlinearitäten geeignete Maßnahmen ergreifen zu können. Dies betrifft im wesentlichen die Identifikation von Nichtlinearitäten und die Linearisierung nichtlinearer Systeme, um sie einer Modalanalyse zugänglich zu machen.

In Abs.1.2.2. wurden bereits die Vorteile der gestuften Sinuserregung zur Messung von Übertragungsfunktionen im Vergleich zur Messung mit breitbandigen Signalen diskutiert. Der Nachteil einer höheren Meßzeit kann hierbei durch mehrkanalige Messung mit moderner digitaler Signalverarbeitung auch auf heute üblichen Personal-Computern kompensiert werden. Diese Methode impliziert Linearisierungseigenschaften bezüglich der Zeitsignale, d.h. der Ermittlung von Betrag und Phase des Systemverhältnisses oder der einzelnen Harmonischen der Anregungsfrequenz, jedoch nicht in Bezug auf das Gesamtverhalten des Objekts im Frequenzbereich wie bei Rauschsignalen. Rauschsignale haben aufgrund ihres regellosen Zeitverhaltens bei nichtlinearen Objekten ständige Betriebspunktsänderungen zur Folge, wodurch bei längerer Meßdauer mit fortgesetzter Mittelung ein Linearisierungseffekt eintritt. Eine derartige Linearisierung kann jedoch auch bei Sinuserregung durch mehrmalige Messung mit statistischer Veränderung der Anregungsamplitude erreicht werden. In der Praxis genügt hier in der Regel das Verändern der Erregerkonfiguration (Nullphasenlagen) bei mehreren Erregern [80]. Weitere Vorteile für die Sinuserregung ergeben sich, wenn gezielt nichtlineares Verhalten untersucht werden soll, da nur mit Sinussignalen Beschreibungsfunktionen (Frequenzgang der 1. Harmonischen) direkt meßbar sind.

Eine Linearisierung des Objektverhaltens ist mit dieser Methode im Gegensatz zur oben genannten Rauschanregung in definierter und direkt kontrollierbarer Weise möglich, indem z.B. bei spielbehafteten Federelementen eine statische Vorspannung aufgebracht wird, oder bei progressiven und degressiven Kennlinien die Kraftamplitude in geeigneter Weise eingestellt wird. Neben der hierdurch näherungsweise erreichbaren *Taylorlinearisierung* wird bei der Methode der *harmonischen Balance (Krylov-Bogoliubov II - Linearisierung)* [81], die speziell bei großen Anregungsamplituden oder Unstetigkeitsstellen in Kennlinien Vorteile bietet, eine analytisch nachvollziehbare Linearisierung erreicht (meßbar z.B. durch Konstantregelung der Bewegungsamplitude).

Wegen des hohen Aufwands wird in der Praxis meist hierauf verzichtet. Bei nichtlinearem Verhalten bleibt als Ausweg das Suchen eines Betriebspunkts, in dessen Umgebung sich das Objekt näherungsweise linear verhält. Da die so ermittelten Kraftamplituden jedoch in der Regel nicht in dem Bereich liegen, der den realen Betriebsbedingungen des Objekts (Maschine) entspricht, scheint die oben angedeutete Methode der Linearisierung durch mehrmaliges Messen mit unterschiedlichen Kräfteanordnungen und anschließender Berechnung eines linearisierten Frequenzgangs z.B. nach der Methode der kleinsten Fehlerquadrate praxisgerechter.

Eine unvollständige physikalische Linearisierung kann entweder als Beschreibungsfunktion das nichtlineare Verhalten dokumentieren oder durch eine mathematische Linearisierung ergänzt werden. Dies kann, wie bereits erwähnt, durch Anpassung der Parameter eines mathematischen Modells erfolgen oder aber durch andere nichtparametrische Verfahren, die kein spezielles Modell voraussetzen, wie z.B. Integraltransformationen. Wesentlich ist in jedem Fall die Aufspaltung in lineare und nichtlineare Anteile.

Eine parametrische Linearisierung durch die direkte Anwendung der experimentellen Modalanalyse auf nichtlineare Objekte ist - obwohl oft praktiziert - ungünstig, da viele Verfahren in unkontrollierbarer Weise auf solche systematischen Einflüsse reagieren. Wünschenswert wäre daher, falls eine physikalische Linearisierung nicht ausreichend gelingt, eine mathematische Linearisierung nichtlinearer Objekte, an denen eine Modalanalyse durchgeführt werden soll. Ein Hilfsmittel hierzu ist die *kausale Hilbert*-Transformation, deren Anwendung auf mechanische Systeme erst in neuerer Zeit bekannt wurde.

5.2. Hilbert-Transformation

5.2.1. Mathematische Formulierung

Die ursprünglich zur Beschreibung der Kausalität und Stabilität linearer passiver Systeme eingesetzte *Hilbert*-Transformation (*HT*) fand nur zögernd Eingang in die praktischen Naturwissenschaften. Zunächst in der Elektro- und Regelungstechnik eingesetzt, fand sie später Eingang in andere Bereiche, wie z.B. die Untersuchung von Filtern [82]. Seit einiger Zeit gibt es Signalanalysatoren, die mit einer im Zeitbereich arbeitenden *HT* ausgestattet sind [83]. Anwendungen zur Linearisierung mechanischer Systeme im Frequenzbereich wurden erst kürzlich bekannt. Die in der Literatur veröffentlichten Definitionen der *HT* weisen nach [82] gewisse Unterschiede auf. Die hier verwendete Definition folgt [82] und [84]. Da das Verfahren in Standardlehrbüchern der Mechanik nicht beschrieben wird, sei es nachfolgend kurz skizziert.

Die Übertragungsfunktion eines linearen Systems lautet in Polynomschreibweise:

$$\underline{G}(\underline{z}) = \frac{K\,(\underline{z} - \underline{a}_1)\,(\underline{z} - \underline{a}_2)\,...}{(\underline{z} - \underline{b}_1)\,(\underline{z} - \underline{b}_2)\,...} \qquad (5.1)$$

$$\text{mit} \quad \underline{z} = \omega + j\,\rho$$

wobei $\underline{a}_i$ und $\underline{b}_i$ Nullstellen bzw. Pole in der komplexen Zahlenebene repräsentieren. Unter der Voraussetzung, daß $\underline{G}(\underline{z})$ in einem einfach zusammenhängenden Gebiet analytisch ist, lassen sich ihre Werte in einem beliebigen Punkt $\underline{z}$ nach der *Cauchyschen Integralformel* durch die Werte der Funktion auf einem geschlossenen Weg C beschreiben, der diesen Punkt einschließt [85]:

$$\underline{G}(\underline{z}) = \frac{1}{2\,j\,\pi} \oint_C \frac{G(\underline{z}')\,d\underline{z}'}{\underline{z}' - \underline{z}} \qquad (5.2)$$

Mit der Bedingung, daß ein **nicht negativ gedämpftes Phasen-Minimum-System** vorliegt, liegen alle Pole von Gl.5.1 in der oberen Hälfte der komplexen Zahlenebene oder auf der reellen Achse. Da diese Pole ausgeschlossen werden sollen, ergibt sich als günstiger Integrationsweg ein Halbkreis in der unteren Halbebene mit einem unendlich großen Radius R, der durch die reelle Achse begrenzt wird (**Bild 5.1**).

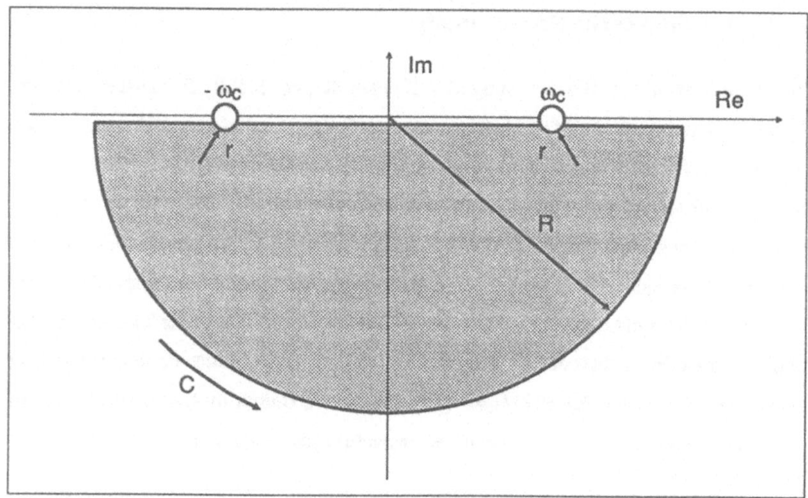

Bild 5.1: Integrationsweg C zu Gl.5.2

Die auf der reellen Achse liegenden Pole werden hierbei auf Halbkreisen mit dem Radius r 'umfahren'. Unter der Annahme, daß R gegen unendlich, r gegen 0^+ und ρ gegen 0_- gehen, ergibt sich nach Auswertung des Integrals (Gl.5.2):

$$\mathbf{H}(\underline{G}(\omega)) = \frac{1}{j\,\pi}\ \text{V.p.} \int_{-\infty}^{+\infty} \frac{\underline{G}(\Omega)\ d\Omega}{\Omega - \omega} \tag{5.3}$$

mit V.p. als Hauptwert des uneigentlichen Integrals. Diese Gleichung definiert die *Hilbert-Transformation* (*HT*), für die unter den genannten Voraussetzungen gilt:

$$\underline{H}(\omega) = \mathbf{H}\,(\underline{G}(\omega)) = \underline{G}(\omega) \tag{5.4}$$

Eine Aufspaltung dieser Gleichung in Real- und Imaginärteil liefert:

$$\text{Re}(\underline{G}(\omega)) = \frac{-1}{\pi}\ \text{V.p.} \int_{-\infty}^{+\infty} \frac{\text{Im}(\underline{G}(\Omega))\ d\Omega}{\Omega - \omega} \tag{5.5}$$

$$\mathrm{Im}(\underline{G}(\omega)) = \frac{1}{\pi} \, \mathrm{V.p.} \int\limits_{-\infty}^{+\infty} \frac{\mathrm{Re}(\underline{G}\,(\Omega))\ d\Omega}{\Omega - \omega} \tag{5.6}$$

d.h. die *HT* transformiert den Imaginärteil eines Frequenzgangs in den Realteil und umgekehrt den Realteil in den Imaginärteil. Hieraus folgt, daß zur Beschreibung solcher Systeme bereits die Kenntnis entweder des Real- oder des Imaginärteils ausreicht.

Systeme, deren Pole auch in der unteren Halbebene von Bild 5.1 liegen, d.h. **instabile Systeme**, genügen der Gl.5.4 nicht. Wesentlich ist jedoch in diesem Zusammenhang, daß auch für **stabile nichtlineare Systeme** die Beziehung Gl.5.4 nicht erfüllt ist. Die weiteren Ausführungen basieren auf dieser grundlegenden Eigenschaft.

5.3.   Eigenschaften der Hilbert-Transformation

5.3.1.   Kausalität

Die invers *Fourier*-transformierte einer Übertragungsfunktion ist die Impulsantwort. Für einen reellen Zeitverlauf der Impulsantwort gilt im Frequenzbereich die Beziehung:

$$G^*(-\omega) = \underline{G}(\omega) \tag{5.7}$$

wodurch die Symmetrieeigenschaften im Frequenzbereich ausgedrückt werden. Unter Zuhilfenahme dieser Beziehung lassen sich die Gl.5.5 und 5.6 weiter vereinfachen:

$$\mathrm{Re}(\underline{H}(\omega)) = \frac{-2}{\pi} \, \mathrm{V.p.} \int\limits_{0}^{+\infty} \frac{\Omega\,\mathrm{Im}(\underline{G}\,(\Omega))\ d\Omega}{\Omega^2 - \omega^2} \tag{5.8}$$

$$\mathrm{Im}(\underline{H}(\omega)) = \frac{2\omega}{\pi} \, \mathrm{V.p.} \int\limits_{0}^{+\infty} \frac{\mathrm{Re}(\underline{G}\,(\Omega))\ d\Omega}{\Omega^2 - \omega^2} \tag{5.9}$$

d.h. die Integration beschränkt sich auf den positiven Frequenzbereich. Für eine numerische Berechnung der *HT* stehen, wie noch gezeigt wird, zwei prinzipielle Methoden zur Verfügung.

Nach [84] läßt sich zeigen, daß die *Fourier*-transformierte einer reellen Impulsantwort eines linearen, kausalen Systems identisch mit der Übertragungsfunktion und damit auch identisch mit der *Hilbert*-transformierten dieses Systems ist.

Ein kausales System ist hierbei dadurch definiert, daß im Zeitbereich Wirkungen nicht den Ursachen vorausgehen dürfen. Hiervon läßt sich die notwendige und hinreichende Bedingung ableiten, daß die Impulsantwort $g(t)$ von kausalen Systemen, die durch Faltungsoperatoren beschrieben werden, im negativen Zeitbereich gleich Null sein muß. Diese Bedingung läßt sich mit Hilfe der *Heaviside*-Funktion $u(t)$ formulieren:

$$g(t) = u(t)\, g(t) \tag{5.10}$$

wobei:

$$u(t) = 0 \;\; \text{für } t < 0$$

$$u(t) = 1 \;\; \text{für } t > 0 \tag{5.11}$$

Der Multiplikation der Signale in Gl.5.10 im Zeitbereich entspricht eine Faltung im Frequenzbereich, so daß

$$\underline{G}(f) = \mathbf{F}(u(t)) * \mathbf{F}(g(t)) \tag{5.12}$$

$$\underline{G}(f) = (\, \delta(f)\, /\, 2 + \mathbf{Pf}\,(\, j\, \pi f\, /\, 2\,) * \underline{G}(f) \tag{5.13}$$

Hierbei ist $\delta(f)$ der *Dirac*-Impuls und **Pf** eine *Pseudofunktion*. Gl.5.13 läßt sich vereinfachen zu:

$$\underline{G}(f) = \mathbf{Pf}(1\, /\, j\, \pi f) * \underline{G}(f) = \mathbf{H}(\underline{G}(f)) \tag{5.14}$$

Dieser Ausdruck ist äquivalent zu Gl.5.3, so daß durch diese Gleichung die *HT* definiert wird. Damit ist der Zusammenhang der *HT* zu den Kausalitätsbeziehungen im Zeitbereich hergestellt.

5.3.2. Erweiterte Hilbert-Transformation

Der Grundgedanke der erweiterten *HT* (HT_e) besteht in der Anwendung der *HT* auf Beschreibungsfunktionen linearer oder nichtlinearer Systeme. Sie ist damit analog zu Gl.5.14 definiert durch:

$$\mathbf{H_e}\,(\underline{G}(f)) = \mathbf{Pf}\,(1\, /\, j\, \pi f) * \underline{G}(f) \tag{5.15}$$

Mithilfe der invers Fouriertransformierten der Pseudofunktion:

$$\mathbf{F^{-1}}\,(\,\mathbf{Pf}\,(1\, /\, j\, \pi f)\,) = 2\, u(t) - 1 = v(t) \tag{5.16}$$

erhält man aus Gl.5.15:

$$\mathbf{H_e}(\underline{G}(f)) = \mathbf{F}\ (\ (2\ u(t) - 1)\ \mathbf{F^{-1}}(\underline{G}(f))\ ) \tag{5.17}$$

da eine Faltung im Frequenzbereich einem Produkt im Zeitbereich entspricht. Die Bedeutung von Gl.5.17 liegt damit in einer besonders effizienten Rechenvorschrift zur Berechnung der HT_e: inverse FT der Beschreibungsfunktion, Multiplikation mit dem Zeitfenster $v(t)$ und anschließend FT des Produkts. Wesentlich ist bei dieser Vorgehensweise auch die Tatsache, daß die Zeitfunktion:

$$g(t) = \mathbf{F^{-1}}\ (\underline{G}(f)) \tag{5.18}$$

die bei linearen Systemen gleich der Impulsantwort ist, bei nichtlinearen Systemen in der Regel nichtkausale Anteile (für $t<0$) enthält. Ebenso läßt sich dann feststellen, daß:

$$\mathbf{H_e}(\underline{G}(f)) \neq G(f) \tag{5.19}$$

Damit läßt sich die HT_e als Indikator für nichtlineare Systemeigenschaften interpretieren, mit der zusätzlichen Möglichkeit, nichtkausale Signalanteile im Zeitbereich auszufiltern.

5.3.3. Kausale Hilbert-Transformation

Der Zusammenhang zwischen Nicht-Kausalität und Nichtlinearität ist nicht eindeutig. Es gilt:

Nichtkausalität ist eine hinreichende, aber nicht notwendige Bedingung für Nichtlinearität.

Daraus ergibt sich, daß die HT_e nicht alle Nichtlinearitäten eines Systems in Nichtkausalitäten transformiert, oder daß es nichtlineare Systeme gibt, für die gilt:

$$\mathbf{H_e}(\underline{G}(f)) = \underline{G}(f) \tag{5.20}$$

Nach [84] fallen hierunter solche nichtlineare Systeme, die bei gewissen Anregungen ein lineares Systemverhalten zeigen. Trotz dieser Einschränkung ist die Anwendung der kausalen HT (HT_c), die auf der Trennung der nichtkausalen von den kausalen Signalanteilen basiert, in vielen Fällen sinnvoll.

Die Transformation ist, ausgehend von Gl.5.13, wie folgt definiert:

$$\mathbf{H_c}(\underline{G}(f)) = (\ \delta(f)/2 + \mathbf{Pf}(j\pi f/2)\ ) * \underline{G}(f) \qquad (5.21)$$

Wegen der Ausblendeigenschaft [7] des Dirac-Impulses im Frequenzbereich:

$$\underline{G}(f) = \delta(f) * \underline{G}(f) \qquad (5.22)$$

kann Gl.5.21 mit Hilfe von Gl.5.15 umgeformt werden zu:

$$\mathbf{H_c}(\underline{G}(f)) = (\ \underline{G}(f) + \mathbf{Pf}(1/j\,\pi\,f) * \underline{G}(f)\ ) / 2 \qquad (5.23)$$

$$\mathbf{H_c}(\underline{G}(f)) = (\ \underline{G}(f) + \underline{H}_e(f)\ ) / 2 \qquad (5.24)$$

d.h. die HT_c ist der Mittelwert aus Beschreibungsfunktion und der hieraus ermittelten HT_e. Im Zeitbereich entspricht dies der Anwendung des Zeitfensters nach Gl.5.11.

5.4.   Numerische Berechnung der Hilbert-Transformation

5.4.1.   Direkte Berechnung durch Integration

Für diskrete, äquidistante Frequenzstützstellen lassen sich die Gl.5.5 und 5.6 als Summen schreiben:

$$Re(\underline{H}(\omega_i)) = \frac{-2\,\Delta\omega}{\pi} \sum_{j\neq i} \frac{\omega_j\,Im(\underline{G}(\omega_j))}{\omega_j^2 - \omega_i^2} \qquad (5.25)$$

$$Im(\underline{H}(\omega_i)) = \frac{-2\,\omega_i\,\Delta\omega}{\pi} \sum_{j\neq i} \frac{Re(\underline{G}(\omega_j))}{\omega_j^2 - \omega_i^2} \qquad (5.26)$$

$$mit\ \Delta\omega = (\omega_n - \omega_1)/(n-1)$$

Da die Integrale Gl.5.5 und 5.6 für einen Frequenzbereich von 0 bis ∞ definiert sind, entstehen bei dieser Art der Berechnung erhebliche Fehler, wenn der Frequenzbereich nach oben oder unten beschränkt ist. Während die Beschränkung nach unten in der Praxis zwar oft erwünscht, aber zumindest vermeidbar ist, kann der Abschneidefehler aufgrund der Vernachlässigung höherer Frequenzanteile grundsätzlich nicht vermieden werden. In [84] sind aus diesem Grund drei Korrekturverfahren zur Verminderung dieser Abschneidefehler angegeben. Von diesen Verfahren wird einem der Vorzug gegeben, da es nicht auf speziellen Voraussetzungen wie z.B. Linearität, Typ des Systemverhältnisses und der Dämpfung basiert und einfach zu implementieren ist.

Dieses Verfahren beruht auf einer Aufspaltung der Gl.5.5 und 5.6 in bekannte und unbekannte Frequenzbereiche, sowie auf Reihenansätzen für die unbekannten Frequenzbereiche, wobei Glieder höherer Ordnung vernachlässigt werden. Voraussetzung ist,
daß in der Nähe der Abschneidefrequenz keine großen Änderungen der Funktion auftreten. Unter diesen Bedingungen lautet der Ansatz für ein Korrekturglied $\underline{R}$:

$$\mathrm{Re}(\underline{R}_i) = \mathrm{Re}(\underline{G}(0)) + 2/\pi \sum_{j=2}^{n} \mathrm{Im}(\underline{G}(\omega_j)) \, \Delta\omega/\omega_j - \mathrm{Im}(\underline{G}(\omega_n)) \, (\frac{\omega_i^2}{\pi\omega_n^2} + \frac{\omega_i^4}{2\pi\omega_n^4} + \dots \,) \tag{5.27}$$

$$\mathrm{Im}(\underline{R}_i) = 2 \, \mathrm{Re}(\underline{G}(\omega_n)) / \pi \, (\frac{\omega_i}{\omega_n} + \frac{\omega_i^3}{3\omega_n^3} + \dots \,) \tag{5.28}$$

Diese Korrekturterme berücksichtigen den oberen Abschneidefehler; sie sind den Gleichungen 5.25 und 5.26 hinzuzufügen. In ähnlicher Weise können auch Terme für den
unteren Abschneidefehler abgeleitet werden.

Der Rechenaufwand für diese direkte Art der Berechnung der *diskreten Hilbert-Transformation (DHT)* ist relativ hoch und steigt mit n^2. Eine wesentlich effizientere Methode
wird durch die Anwendung des Hilfsmittels der *Fast-Fourier-Transformation (FFT)* erreicht. In Anlehnung an die Bezeichnung der *FFT* wird die hierauf beruhende *Hilbert-
Transformation Fast-Hilbert-Transformation (FHT)* genannt.

5.4.2. Berechnung über die diskrete Fourier-Transformation

Wie aus Gl.5.24 ersichtlich, ist die kausale *HT* durch einfache Mittelwertbildung aus
Beschreibungsfunktion und der erweiterten *HT* berechenbar. Somit können alle Berechnungen auf die HT_e zurückgeführt werden.

Die Vorgehensweise ist zwar durch Gl.5.17 prinzipiell formuliert. Bei der Anwendung
der diskreten inversen *FT (DFT)* treten jedoch Schwierigkeiten aufgrund von Periodi-
zitäts- bzw. Abschneidefehlern auf, die durch eine von [84] vorgeschlagene Modifika-
tion gemindert werden können.

Hierzu wird das Frequenzabtastintervall $[-n+1, n-1]$ der Beschreibungsfunktion auf das
Intervall $[-2n+1, 2n-1]$ vergrößert. Die durch die Beschreibungsfunktion nicht definierten Werte werden hierbei durch Nullen ergänzt, wodurch die Funktionswerte im gemessenen Intervall nicht beeinflußt, aber Abschneidefehler reduziert werden sollen.

Auf diese Funktion wird die inverse *DFT* angewendet. Die Multiplikation im Zeitbereich erfolgt nun nicht mit dem Zeitfenster nach Gl.5.16, sondern mit einer Zeitfunktion, die ebenfalls im Intervall [-2n+1,2n+1] durch inverse *DFT* nach Gl.5.29 berechnet wird.

$$v(t) = \mathbf{DF}^{-1} \left(\mathbf{Pf}(j \pi f)^{-1} \right) \tag{5.29}$$

Somit ergibt sich die diskrete HT_e durch:

$$\mathbf{DH_e} \left(\underline{G}(f) \right) = \mathbf{DF} \left(\mathbf{DF}^{-1}(-j/(\pi f)) \, \mathbf{DF}^{-1}(\underline{G}(f)) \right) \tag{5.30}$$

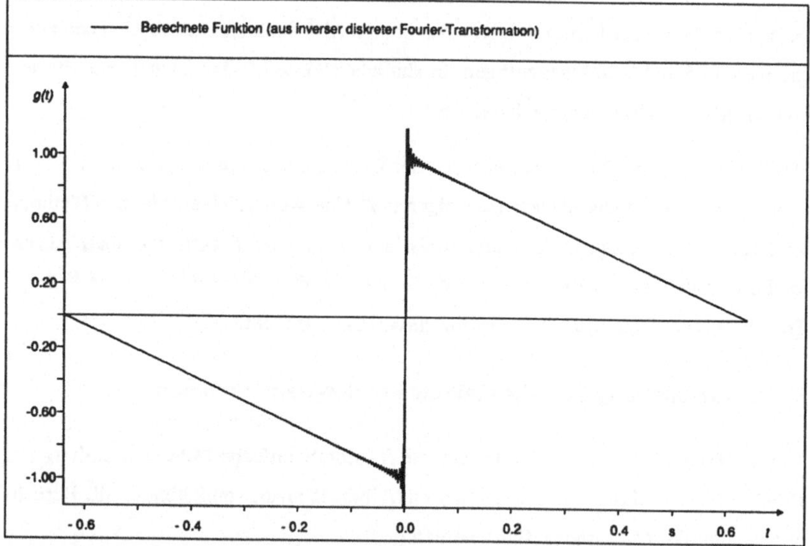

Bild 5.2: Diskret invers Fouriertransformierte der Pseudofunktion **Pf** (1/jπf).

Die Stufenfunktion $v(t)$ der *FT* geht hierbei über in eine Funktion, die bei $|t|_{max}$ gegen 0 geht. **Bild 5.2** zeigt eine nach Gl.5.29 mit 512 Abtastwerten berechnete Zeitfunktion. Da der negative Zeitbereich der so berechneten Funktion bei der Hälfte des Abtastzeitraums T beginnt, wurden diese Funktionswerte in der Darstellung um T auf der Zeitachse nach links verschoben.

Somit ist ein effizientes Verfahren zur Berechnung der DHT_e gegeben. Die kausale Transformation DHT_c ergibt sich nach Gl.5.31.

$$\mathbf{DH_c}\,(\underline{G}(f)) = (\ \underline{G}(f) + \mathbf{DH_e}\,(\underline{G}(f))\ )\ /\ 2 \tag{5.31}$$

Zur numerischen Berechnung der *FFT* stehen heute leistungsfähige Verfahren zur Verfügung, die auf einer reellen Zeitfunktion beruhen und daher sowohl schneller als auch weniger speicherintensiv programmiert werden können. Hierzu sei auf die *Split-Radix-FFT* nach [86] verwiesen, die gegenüber der meist eingesetzten komplexen *FFT* nach *Cooley-Tukey* [87] erhebliche Geschwindigkeitsvorteile besitzt. Die Leistung dieses Verfahrens kann durch den Einsatz eines alternativen *Digit-Reverse-Counters* nach [88] noch etwas gesteigert werden.

Bei der praktischen Anwendung tritt wieder das Problem der Abschneidefehler auf. Zudem liegen die zu transformierenden Funktionen bei manchen Meßverfahren wie z.B. bei gestufter Sinuserregung mit ungleichen Frequenzschrittweiten vor. In solchen Fällen können die Frequenzgänge in folgender Weise behandelt werden:

- zur Minderung des oberen Abschneidefehlers Festlegung einer Grenzfrequenz f_{max}, die etwa um 25% über der größten Meßfrequenz f_o liegt.

- Berechnung der Frequenzschrittweite Δf für die *DHT*, so daß die Anzahl der Stützstellen einer 2-er Potenz entspricht.

- Berechnung eines interpolierten Frequenzgangs mit Δf und zwar:

    - lineare Interpolation von der Frequenz 0 bis zur unteren Frequenz f_u mit $\underline{G}(0)=0$

    - quadratische Interpolation im Intervall $[f_u, f_o]$

    - lineare Interpolation zwischen f_o und f_{max} mit $\underline{G}(f_{max})=0$

- Anwendung der *DHT* auf diesen interpolierten Frequenzgang

- quadratische Interpolation der Bildfunktion auf die Stützstellen des Originalfrequenzgangs

Auf die erste Maßnahme kann verzichtet werden, wenn der Originalfrequenzgang bei f_o sehr kleine Werte annimmt. In jedem Fall muß die Tatsache berücksichtigt werden, daß eine Interpolation Fehler in das Verfahren einbringt.

Die 2-er Potenz für die *DHT* sollte deshalb so hoch gewählt werden, daß die sich hieraus ergebende Frequenzschrittweite kleiner als die kleinste Schrittweite der Originalfunktion wird.

5.5. Linearitätsfaktor

Mit der Formulierung der HT_c wurde in den vorangegangenen Abschnitten eine Antwort auf die Forderung nach einem nichtparametrischen Hilfsmittel zur Linearisierung nichtlinearen Objektverhaltens zu dem Zweck einer nachfolgenden Modalanalyse gegeben.

Darüber hinaus besteht jedoch oft der Wunsch, nichtlineare Eigenschaften eines Objekts quantifizieren zu können. Aufgrund des nichtparametrischen Charakters der HT_c bereitet eine nachfolgende parametrische Identifikation Schwierigkeiten. Die in [84] zu findenden Ansätze beschränken sich auf einläufige Systeme und beruhen auf der Anwendung statistischer Momente auf die Differenzfunktion:

$$\underline{D}(f) = \underline{G}(f) - \mathbf{H_c}(\underline{G}(f)) \tag{5.32}$$

d.h. Auswertung der Abweichungen zwischen Beschreibungsfunktion und deren HT_c, wobei zumindest die Eigenfrequenz des Systems bekannt sein muß.

Eine andere Möglichkeit, die auch bei Systemen mit mehreren Freiheitsgraden angewendet werden kann, besteht in einem Verzicht auf jegliche parametrische Identifikation. Stattdessen wird eine direkte Auswertung der Differenzfunktion nach verschiedenen statistischen Kriterien durchgeführt.

Hierfür steht eine Methode [89] zur Verfügung, die nicht in Bezug auf die *HT*, sondern allgemein zur Berechnung von *Linearitätsfaktoren* mit Hilfe verschiedener Übertragungsfrequenzgänge eines Objekts entwickelt wurde, jedoch auch auf Gl.5.32 angewendet werden kann. Die Methode sei nachfolgend kurz beschrieben:

Gegeben seien zwei Beschreibungsfunktionen eines nichtlinearen Objekts in der Darstellung Betrag und Phase mit gleichem Frequenzmaßstab, also z.B. eine gemessene Funktion $\underline{G}_m$ und eine ideal linearisierte Funktion $\underline{G}_l$.

Trägt man in einem kartesischen Koordinatensystem den Betrag aller Funktionswerte $y = |\underline{G}_m|$ über dem Betrag aller Werte $x = |\underline{G}_l|$ auf, so ergibt sich, sofern die beiden Funktionen identisch sind, eine Gerade im ersten Quadranten des Koordinatensystems, die den Ursprung im $45°$ - Winkel durchdringt. Falls die beiden Funktionen voneinander abweichen, so machen sich diese Unterschiede in Abweichungen von der Geradenform bemerkbar, die statistisch ausgewertet werden können. Die so entstehende Funktion $y = f(x)$ wird im weiteren kurz *Abweichungsfunktion* genannt.

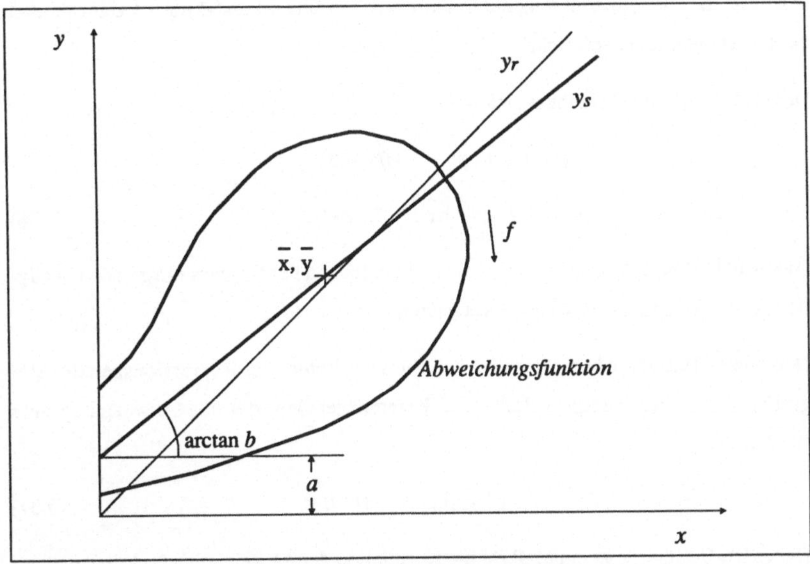

Bild 5.3: Beziehungen zur Ermittlung eines Linearitätsfaktors nach [89]

Aus **Bild 5.3** ist ersichtlich, daß an die Abweichungsfunktion eine Gerade y_s nach der Methode der kleinsten Fehlerquadrate angepaßt werden kann (Regression von y auf x [90], mit x als Referenz). Diese Gerade kann zu der in Bild 5.3 eingezeichneten idealen Referenzgeraden y_r in Bezug gesetzt werden. Die Regressionsgerade ist definiert durch:

$$y_s = a + b\,x \tag{5.33}$$

Wenn $\bar{x}$ und $\bar{y}$ die arithmetischen Mittelwerte der Funktionen x und y sind, dann liegt der Punkt $(\bar{x},\bar{y})$ auf der Ausgleichsgeraden y_s. Die Varianz V_s der Abweichungsfunktion in Bezug auf die Ausgleichsgerade ist definiert durch:

$$V_s = 1/n \sum_i (y_i - y_{si})^2 \qquad (5.34)$$

In ähnlicher Weise ergibt sich für die Varianz der Funktionswerte bezüglich des arithmetischen Mittels:

$$V_y = 1/n \sum_i (y_i - \bar{y})^2 \qquad (5.35)$$

Mit diesen Werten läßt sich ein Linearitätsfaktor J im Intervall [0,1] definieren, der sich aus den folgenden drei Teilfaktoren zusammensetzt. Je größer die Teilfaktoren, desto besser ist die Übereinstimmung der Funktionen. Ein Linearitätsfaktor = 1 zeigt an, daß die Funktionen identisch sind.

Der **erste** Teilfaktor berechnet sich mit:

$$J_1 = 1 - a / \bar{y} \qquad \text{für } a{\geq}0$$

$$J_1 = 1 + a / (b\bar{x}) \quad \text{für } a{<}0 \qquad (5.36)$$

Dieser Faktor beruht auf einer vertikalen Verschiebung der Regressionsgeraden bezüglich der Referenzgeraden (lineare Verzerrung).

Der **zweite** Teilfaktor berücksichtigt den Steigungsfehler der Regressionsgeraden (logarithmische Verzerrung) in Bezug zur Referenzgeraden, d.h. die Abweichung vom Winkel $45°$:

$$J_2 = 1 - 4 \mid \arctan b - \pi/4 \mid / \pi \qquad (5.37)$$

Der **dritte** Teilfaktor ist ein Maß für die Korrelation der Abweichungsfunktion zu einer Geraden. Auch dieser Faktor ist für den Wertebereich zwischen 0 und 1 definiert:

$$J_3 = 1 - V_s / V_y \qquad (5.38)$$

Diese drei Teilfaktoren werden zu einem Betrags-Linearitätsfaktor zusammengefaßt:

$$J_B = J_1 J_2 J_3 \qquad (5.39)$$

Wenn dieser Rechengang auch für die entsprechenden Phasengänge durchgeführt wird, so ergibt sich ein Phasen-Linearitätsfaktor J_P. Diese beiden Faktoren können zu einem Gesamt-Linearitätsfaktor J zusammengefaßt werden:

$$J = \sqrt{J_B \, J_P} \qquad\qquad (5.40)$$

Auch dieser Faktor hat einen Wertebereich von [0,1] und zeigt für $J = 1$ ein lineares Verhalten an.

Zur Anwendung dieses Faktors wird in [89] vorgeschlagen, mehrere Frequenzgänge über denselben Frequenzbereich mit unterschiedlichen Amplituden eines sinusförmigen Anregungssignals aufzunehmen. Daraufhin wird der Frequenzgang mit der niedrigsten Amplitude als Referenz ausgewählt und die Linearitätsfaktoren der übrigen Frequenzgänge in Bezug zum Referenzfrequenzgang berechnet. Als Ergebnis erhält man die Funktion der Abhängigkeit des Linearitätsfaktors von der Anregungsamplitude, die z.B. über Kraftbereiche Auskunft geben kann, bei denen sich ein nichtlineares Objekt näherungsweise linear verhält.

Eine weitere sinnvolle Möglichkeit besteht nun darin, als Referenzfunktion die kausal *Hilbert*-Transformierte der Originalfunktion zu benutzen und jeweils Bild- und Originalfunktion durch Berechnung des Linearitätsfaktors zu vergleichen, was den Voraussetzungen zur Formulierung dieses Faktors besser entspricht, da bei der Referenzfunktion von einem ideal linearen Verhalten ausgegangen wurde.

Dies hätte den Vorteil, daß Linearitätsaussagen bereits bei **einem** gemessenen Frequenzgang gemacht werden können, obwohl auch hier die oben beschriebene Variation z.B. der Anregungsamplitude durchgeführt werden muß, um das Linearitätsverhalten eingehender untersuchen zu können.

Die Anwendung dieses Verfahrens hat gegenüber der direkten Prüfung der Differenzfunktion nach Gl.5.32 den wesentlichen Vorteil der Datenreduktion, was speziell bei einer größeren Anzahl von an einem Objekt gemessenen Frequenzgängen günstig ist. Falls die Aussage des Faktors bei einer großen Zahl von Eigenschwingungen zu global wird, können auch Teilbereiche der Frequenzgänge zur Berechnung des Linearitätsfaktors gezielt ausgewählt werden.

Der folgende Abschnitt enthält Beispiele zum praktischen Gebrauch des Linearitätsfaktors.

6.   Anwendungen

6.1.   Allgemeines

Es sollen einige praktische Anwendungen der *HT* in Verbindung mit dem in Abs.5. eingeführten Linearitätsfaktor diskutiert werden. Weiterhin ist die Frage zu klären, inwieweit die *HT* eine Verbesserung bei der Ermittlung modaler Parameter bringt.

6.2.   Fehler bei der Berechnung der kausalen Hilbert-Transformation

Aus der Definition der HT_c in Abs.5. ergibt sich, daß bei linearen Systemen die *Hilbert*-transformierten Funktionen mit den Originalfunktionen identisch sind. Die Ursache der bei der numerischen Berechnung der DHT_c auftretenden Fehler liegt nicht nur in Rundungsfehlern, sondern vor allem in systematischen Fehlern bei der Berechnung der *DHT* oder in Abschneidefehlern. Diese Problematik soll an einigen Beispielen aufgezeigt werden.

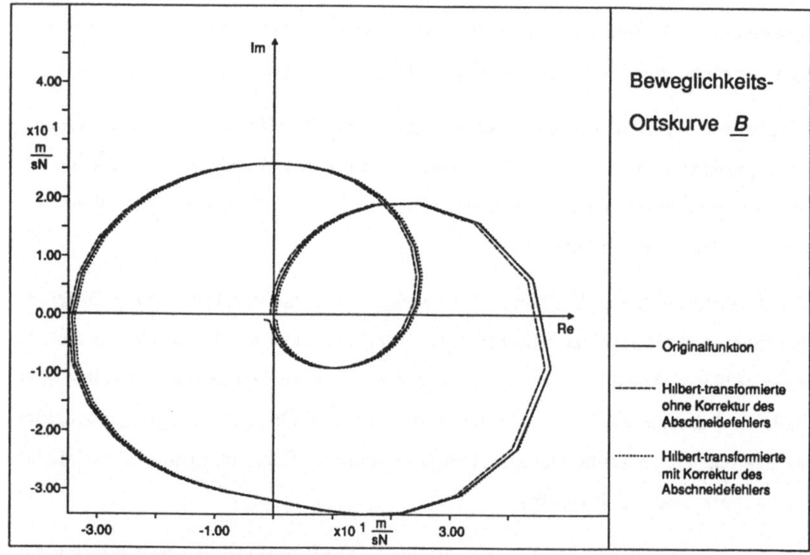

Bild 6.1: Vergleich von zwei direkt kausal *Hilbert*-transformierten Funktionen (mit und ohne Korrektur des Abschneidefehlers) mit der Originalfunktion eines linearen Systems

Bild 6.1 zeigt zwei kausal *Hilbert*-transformierte Funktionen, die nach der in Abs.5.4.1. angegebenen direkten Berechnungsmethode ermittelt wurden. Als Referenz dient die ebenfalls eingetragene Originalfunktion eines linearen Objekts mit drei reellen Eigenschwingungen (Frequenzbereich mit der Frequenz 0 beginnend). Es ist ersichtlich, daß bei dieser Methode die eine Funktion, bei der zusätzlich zur DHT_c noch eine Korrektur des oberen Abschneidefehlers durchgeführt wurde, eine bessere Übereinstimmung mit der Originalfunktion aufweist.

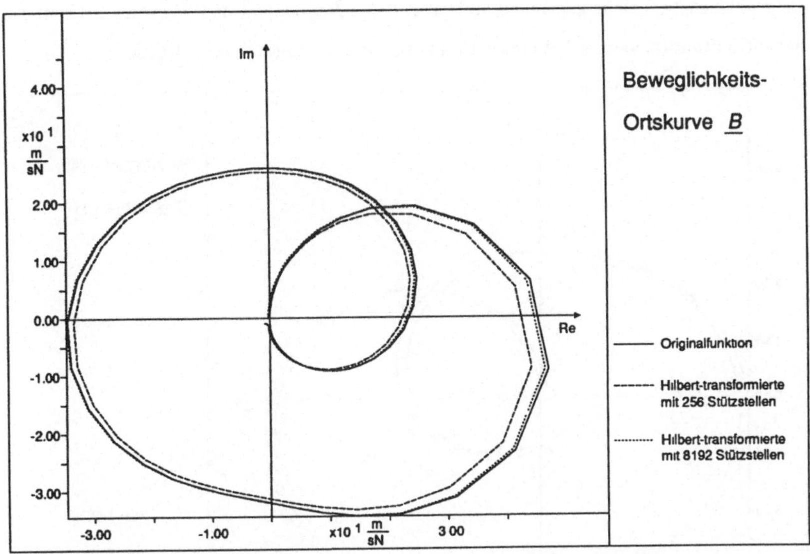

Bild 6.2: Vergleich der Originalfunktion eines linearen Objekts mit 2 Hilbert-transformierten Funktionen (*DFT* mit 256 und 8192 Punkten)

Grundlage für die numerische Berechnung ist bei allen folgenden Anwendungen das Verfahren nach Abs.5.4.2. (Verfahren mit *DFT* bzw. *FFT*). **Bild 6.2** zeigt einen Vergleich der Originalfunktion des linearen Systems (wie Bild 6.1) mit 2 kausal *Hilbert*-transformierten Funktionen (unter Anwendung der *FFT*). Die Originalfunktion wurde mit 256 Stützstellen berechnet. Während die eine transformierte Funktion, bei der die *FFT* mit 8192 interpolierten Punkten (Punktezahl ohne Verdopplung nach Abs.5.4.2.) durchgeführt wurde, eine gute Übereinstimmung mit der Originalfunktion aufweist, sind bei der anderen mit 256 Abtastpunkten transformierten Funktion größere Abweichungen festzustellen. Dies belegt die Notwendigkeit, die Anzahl der Abtastpunkte für eine ausreichende Genauigkeit bei dieser Berechnungsmethode möglichst groß zu wählen. In allen weiteren Anwendungen der *DHT* wird daher die Originalfunktion mit 8196 Punkten interpoliert.

Obwohl die Berechnungsmethode der *DHT* über eine *DFT* implizit bessere Eigenschaften hinsichtlich der Empfindlichkeit gegenüber Abschneidefehlern aufweist, muß auch hier mit beträchtlichen Fehlern gerechnet werden, wenn die obere Grenzfrequenz der Originalfunktion nicht genügend weit von Eigenfrequenzen des Systems entfernt ist bzw. die Funktionswerte bei dieser Frequenz nicht genügend klein werden.

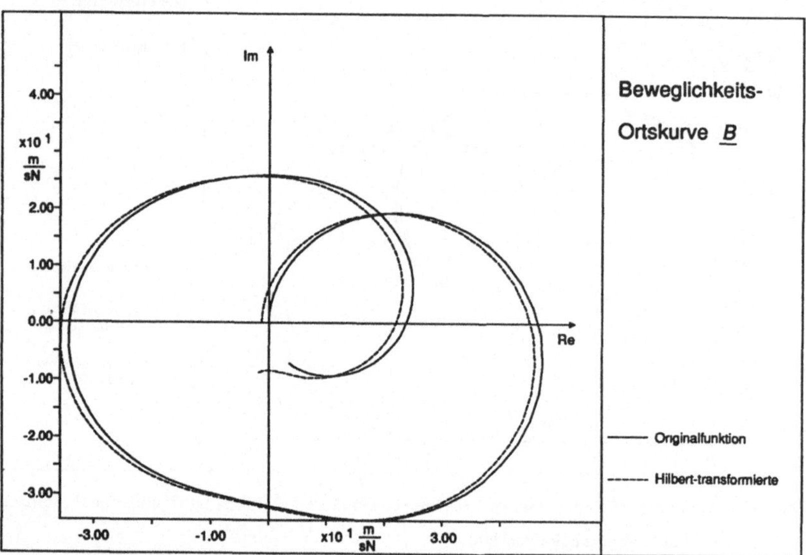

Bild 6.3: Einfluß einer reduzierten oberen Grenzfrequenz auf die Genauigkeit der HT_c

Bild 6.3 zeigt hierzu wieder den Vergleich von Bild- und Originalfunktion des linearen Systems, jedoch mit einer von 80 auf 25 Hz reduzierten oberen Grenzfrequenz (größte Eigenfrequenz 20 Hz). Gegenüber Bild 6.2 (mit 8196 Punkten interpolierte Funktion) ist eine deutliche Zunahme des Abschneidefehlers zu erkennen. Weiterhin ist ersichtlich, daß sich der Abschneidefehler nicht nur bei hohen Frequenzen, sondern auch im unteren Frequenzbereich bemerkbar macht.

6.3.   Anwendung auf nichtlineare Objekte

Um die Eigenschaften der DHT_c in der Anwendung auf nichtlineare Objekte zu prüfen, seien 2 nichtlineare Modelle für einen Einmassenschwinger ausgewählt. Das eine Modell ist durch einen kubischen Federansatz, d.h. durch

$$F = k\,x\,(1 + \varepsilon\,x^2) \tag{6.1}$$

definiert (*Duffing*'sche Differentialgleichung mit linearer Dämpfung [79]), während das zweite Modell auf einem quadratischen Dämpfungsansatz und linearer Federcharakteristik basiert:

$$F = c\,\dot{x}^{\,2} \tag{6.2}$$

Von diesen beiden Modellen wurde je ein Satz Beschreibungsfunktionen mit unterschiedlichen Kraftamplituden berechnet, indem die Modelle im Zustandsraum mit Sinussignalen variabler Frequenz beaufschlagt und jeweils Fourieranalysen der Antwortsignale im eingeschwungenen Zustand durchgeführt wurden. Die hieraus ermittelten Antwortamplituden wurden sodann noch mit der Kraftamplitude normiert, so daß sie die Einheit einer Beweglichkeitsfunktion erhielten, wodurch im Fall des kubischen Federansatzes eine Vergleichbarkeit mit dem linearen Fall (Beweglichkeitsfunktion) erreicht wird. Für die Berechnung wurden die aus **Tabelle 6.1** ersichtlichen Beiwerte angenommen (viskose Dämpfung):

Nichtlinearität	Masse m	Dämpfungsbeiwert c	Federbeiwert k	ε
Dämpfung	0,035 kg	0,001 Ns/m	3,5 N/m	0,00 m^{-2}
Feder	0,035 kg	0,001 Ns/m	3,5 N/m	0,48 m^{-2}

Tabelle 6.1: Beiwerte für die nichtlinearen Einmassenschwinger

Die Beschreibungsfunktionen wurden im Bereich zwischen 0 und 30 Hz mit 500 Stützstellen berechnet. Die **Bilder 6.4** und **6.5** zeigen Beispiele für den kubischen Federansatz (zur Verdeutlichung der Abhängigkeit der Resonanzfrequenz: in Betragsdarstellung) bzw. für den quadratischen Dämpfungsansatz bei verschiedenen Kraftamplituden. In **Bild 6.4** ist zusätzlich die Beweglichkeitsfunktion für $\varepsilon = 0$ angegeben.

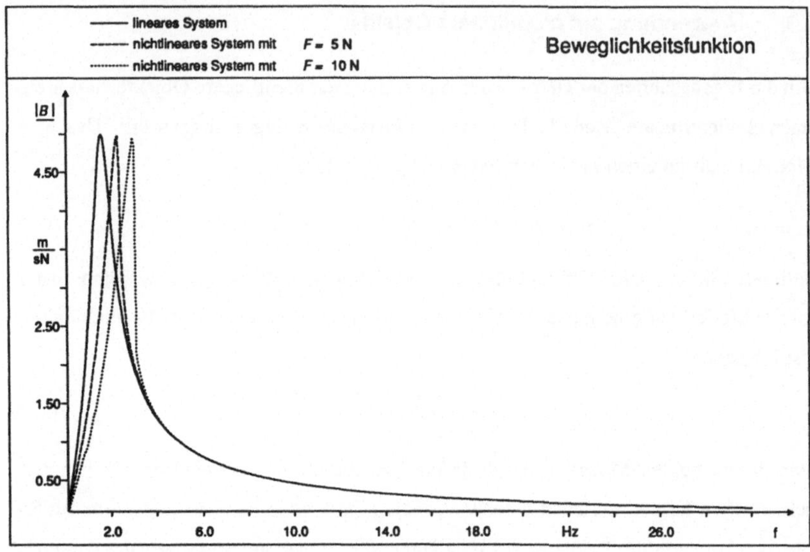

Bild 6.4: Einfluß der Kraftamplitude auf ein nichtlineares System mit kubischem Federansatz

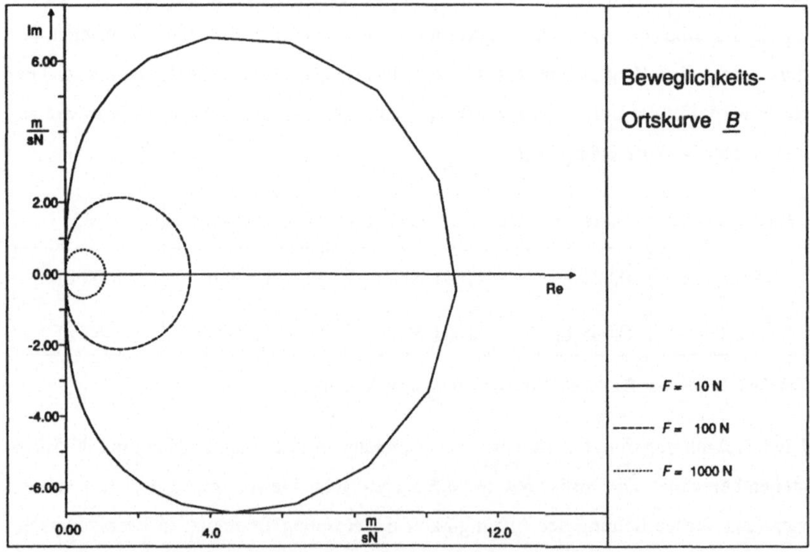

Bild 6.5: Einfluß der Kraftamplitude auf ein nichtlineares System mit quadratischem Dämpfungsansatz

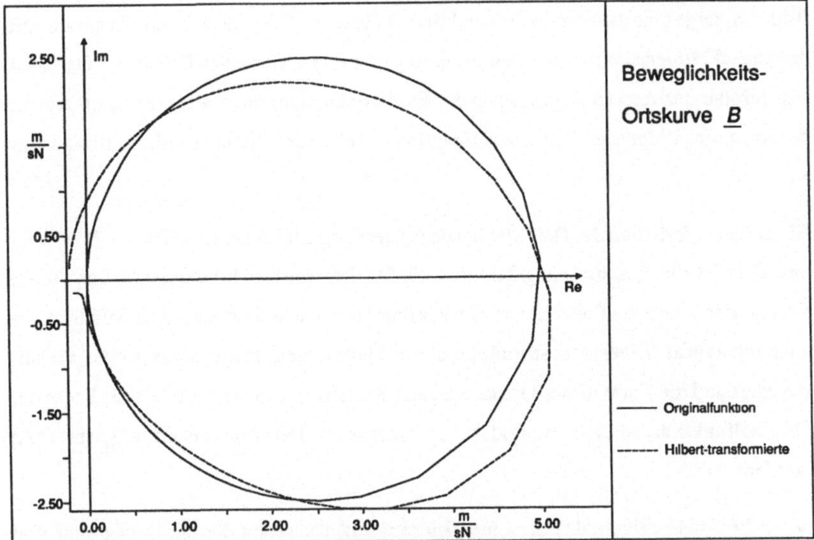

Bild 6.6: Original- und kausal *Hilbert*-transformierte Funktion bei kubischer Federkennlinie

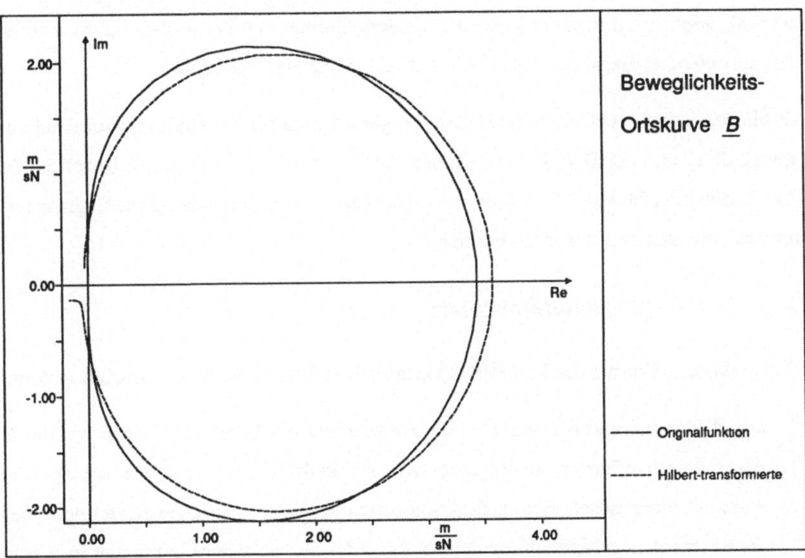

Bild 6.7: Original- und kausal *Hilbert*-transformierte Funktion bei quadratischem Dämpfungsansatz

Bild 6.6 zeigt eine Beschreibungsfunktion (kubischer Federansatz) im Vergleich mit der kausal *Hilbert*-transformierten Funktion. Ein linearisierender Effekt der DHT_c ist hier infolge der starken Asymmetrie der Funktionen nicht ohne weiteres zu erkennen: die Asymmetrie der transformierten Funktion nimmt in der Ortskurvendarstellung sogar zu.

Ein anderes Verhalten der DHT_c ist bei der Dämpfungsnichtlinearität (**Bild 6.7**) erkennbar. Hier ist die Beschreibungsfunktion als Ortskurve hinsichtlich der reellen Achse symmetrisch, und die Form ist von der Kraftamplitude unabhängig (siehe Bild 6.5). Da auch die kausal *Hilbert*-transformierte dieser Funktion ein fast symmetrisches Verhalten zeigt und die Form dieser Ortskurve einer Kreisform näher kommt als die Form der Originalfunktion, so kann zumindest von einer teilweisen Linearisierung gesprochen werden.

Diese Beispiele zeigen, daß die Linearisierungseigenschaften der DHT_c begrenzt sind und von Fall zu Fall unterschiedlich zur Geltung kommen. Eine Anwendung der DHT_c (auf der Basis einer *FFT*) bei mehrdeutigen Beschreibungsfunktionen (mit Sprungphänomen), wie sie z.B. mit der kubischen Federnichtlinearität bei großen Kraftamplituden auftreten, ist fragwürdig und liefert unbefriedigende Ergebnisse.

Es bleiben jedoch auch dann die Indikatoreigenschaften für Nichtlinearitäten erhalten, soweit diese von der DHT_c erfaßt werden. Die folgenden Ausführungen betreffen die Anwendung des in Abs.5.5. definierten Linearitätsfaktors, durch den diese Eigenschaften systematisch erfaßt werden können.

6.4.   Linearitätsfaktorfunktionen

Der praktische Einsatz des Linearitätsfaktors soll in 2 Beispielen demonstriert werden:

- Die **Bilder 6.8** und **6.9** betreffen die Anwendung des Linearitätsfaktors auf die in Abs.6.2. eingeführten Testobjekte, wie sie in [87] vorgeschlagen wurde, d.h. Auswahl einer Beschreibungsfunktion (hier die mit der kleinsten Kraftamplitude) als Referenz und Berechnung der Faktoren für die weiteren Funktionen in Bezug zur Referenzfunktion.

- Bei den **Bildern 6.10** und **6.11** wurden dagegen die Funktionen derart berechnet, daß für jede Kraftamplitude die Beschreibungsfunktion kausal *Hilbert*-transformiert und jeweils der Linearitätsfaktor mit der transformierten Funktion als Referenz berechnet wurde.

Zur Berechnung betrugen die Kraftbereiche bei der Dämpfungsnichtlinearität 10 bis 1000 N, bei der Federnichtlinearität 0,01 bis 16 N. Obwohl in allen Linearitätsfunktionen das nichtlineare Verhalten zum Ausdruck kommt, zeigen sich doch wesentliche Unterschiede.

Bei der kubischen Federnichtlinearität (Bilder 6.8 und 6.10) verhalten sich die beiden Verfahren zumindest qualitativ ähnlich, was nicht anders zu erwarten ist, da das System sich bei kleinen Kraftamplituden annähernd linear verhält und erst bei größeren Amplituden auf den nichtlinearen Ansatz reagiert. Somit ist für das Verfahren nach [87] als Referenz tatsächlich eine lineare Funktion gegeben, wodurch der näherungsweise lineare Arbeitsbereich des Systems bei kleinen Kraftamplituden richtig identifiziert werden kann. Aufgrund der unvollständigen Linearisierungseigenschaften der DHT_c arbeitet das zweite Verfahren mit Anwendung dieser Transformation hier weniger eindeutig.

Bei der Dämpfungsnichtlinearität treten dagegen größere Unterschiede auf: Aufgrund der Charakteristik der Funktion in **Bild 6.9** könnte man vermuten, daß sich der Grad der Nichtlinearität in verschiedenen Kraftbereichen ändert (Steigung der Funktion). Daß das nicht richtig ist, wurde bereits in Bild 6.5 (konstante Form der Ortskurve) empirisch nachgewiesen.

In **Bild 6.10** kommt dagegen die Unabhängigkeit der Nichtlinearität von der Kraftamplitude zum Ausdruck. Die Störungen, d.h. die Abweichung der Funktion von einer horizontal liegenden Geraden, rühren von dämpfungsabhängigen Diskretisierungsfehlern der DHT_c her und sind in diesem Zusammenhang nicht weiter von Bedeutung.

Dies zeigt, daß die Anwendung der DHT_c zur Ermittlung von Linearitätsfaktorfunktionen trotz der dargestellten Mängel zum Aufzeigen linearer Arbeitsbereiche eines Systems geeignet sein kann.

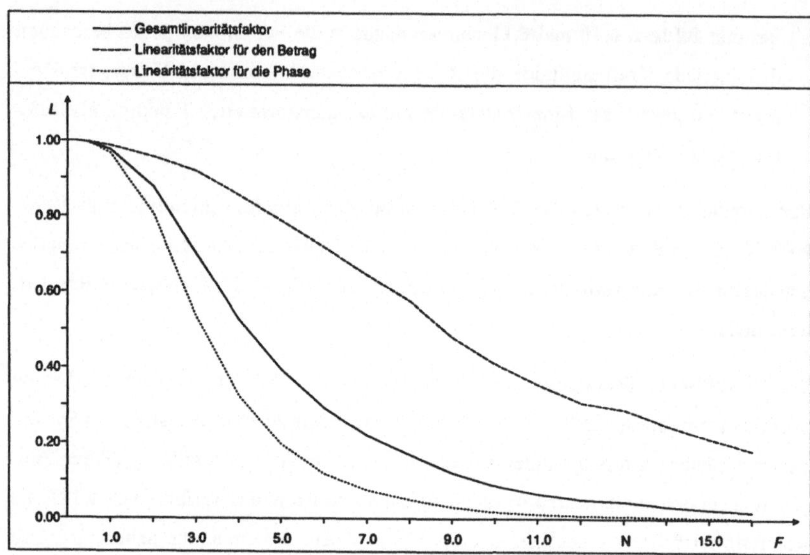

Bild 6.8: Linearitätsfaktorfunktion nach [87] für den kubischen Federansatz

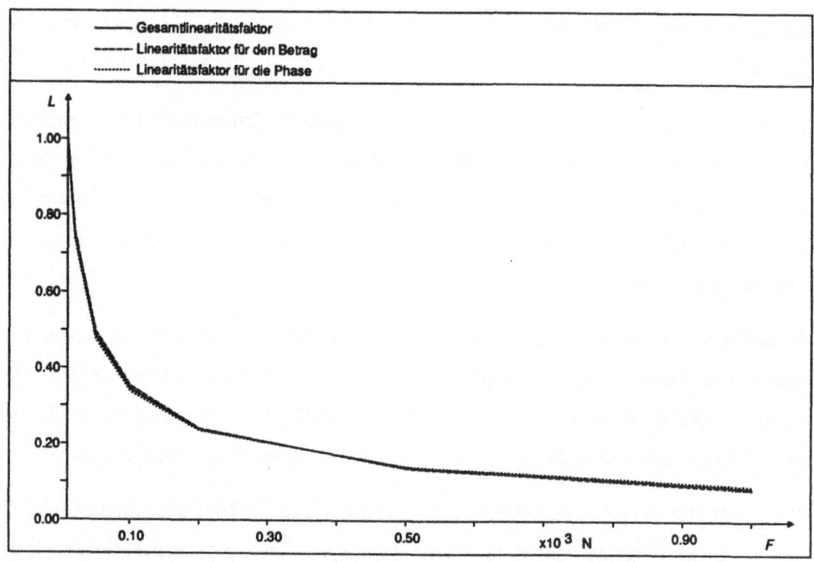

Bild 6.9: Linearitätsfaktorfunktion nach [87] für den quadratischen Dämpfungsansatz

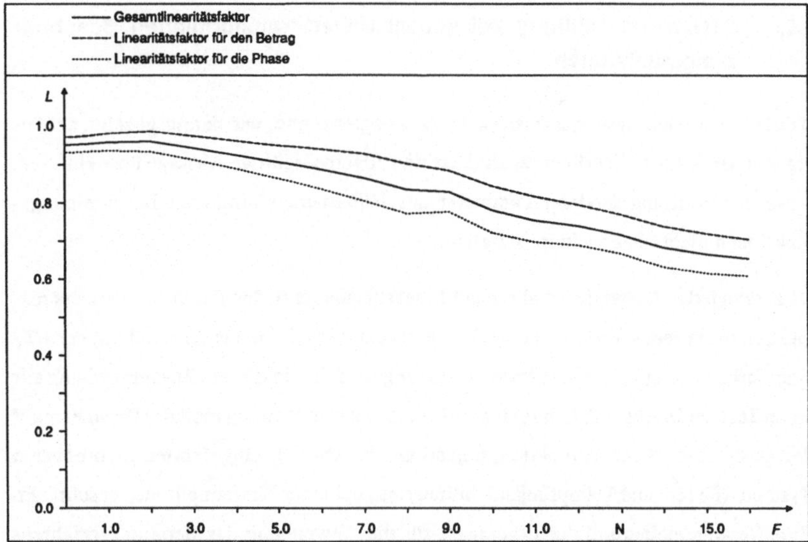

Bild 6.10: Linearitätsfaktorfunktion bezogen auf die DHT_c (kubischer Federansatz)

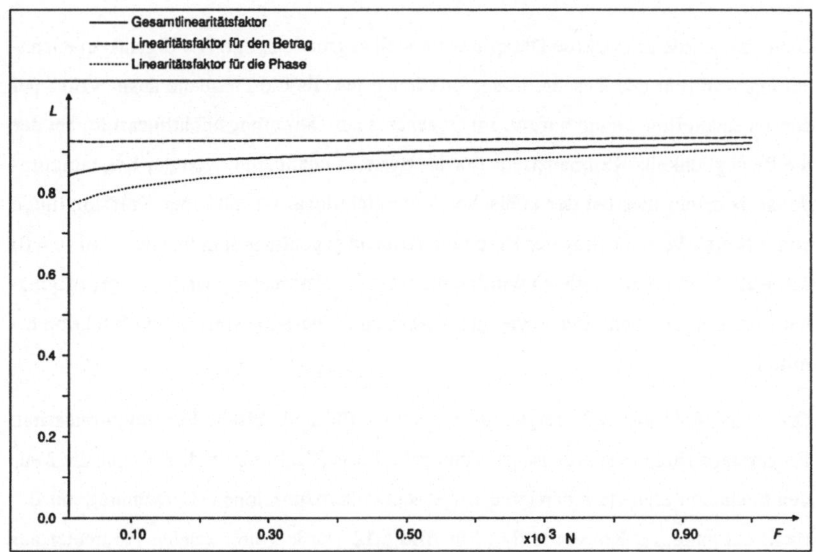

Bild 6.11: Linearitätsfaktorfunktion bezogen auf die DHT_c (quadratischer Dämpfungsansatz)

6.5.   Parameterermittlung bei kausal Hilbert-transformierten Beschreibungsfunktionen

Da die Linearisierungseigenschaften der HT_c begrenzt und, wie bereits gezeigt, abhängig von der Art der Nichtlinerität sind, ist eine allgemeingültige Aussage über eine verbesserte Ermittlung modaler Parameter aus *Hilbert*-transformierten Beschreibungsfunktionen nicht ohne weiteres möglich.

Da zudem jedes Auswerteverfahren auf Linearitätsfehler in den Funktionen anders reagiert, muß für jedes Verfahren einzeln untersucht werden, ob die Anwendung der HT_c eine Verbesserung bringt. Die Problemstellung sei daher in diesem Zusammenhang auf einen Test der in Abs.3.2.3. dargelegten Methode zur Ermittlung modaler Parameter auf der Basis einer Standardfunktion anhand der in Abs.6.3. eingeführten nichtlinearen Systeme (Feder- und Dämpfungsnichtlinearität, bei einer Kraftamplitude) beschränkt. Eine Verallgemeinerung der Ergebnisse für die Anwendung des Iterationsverfahrens nach Abs.4.3. scheint plausibel, da sich die Eigenschaften der HT_c bei mehrläufigen Systemen prinzipiell nicht ändern.

Dem Test wurde das viskose Dämpfungsmodell zugrundegelegt. Als Eigenfrequenznäherung wurde in den Beschreibungsfunktionen jeweils die Frequenz ausgewählt, bei der ein Realteilmaximum auftrat. Im Gegensatz zur Dämpfungsnichtlinearität, bei der die Beweglichkeits-Resonanzfrequenz des Systems unabhängig von der Kraftamplitude ist, bedeutet dies bei der kubischen Federnichtlinearität mit einer Kraftamplitude von 3 N eine Verschiebung der Resonanzfrequenz gegenüber dem linearen Fall ($\varepsilon = 0$) um + 23 %. Für den Vergleich wurden die modalen Parameter jeweils aus der originalen Beschreibungsfunktion sowie aus der kausal *Hilbert*-transformierten Funktion ermittelt.

Die **Bilder 6.12 und 6.13** zeigen die Ergebnisse für die kubische Federnichtlinearität. Eingetragen sind jeweils die Beschreibungsfunktion (Kraftamplitude 3 N) und die 2 aus den modalen Parametern berechneten Beweglichkeitsfunktionen (Berechnung mit Berücksichtigung der Konstante $\underline{R}_e$). Für Bild 6.12 wurden die modalen Parameter aus einer Ausgleichsrechnung mit 15, für Bild 6.13 mit 29 Punkten berechnet.

Diese Erhöhung der Punkteanzahl bringt offensichtlich relativ wenig, da sich Nichtlinearitäten hinsichtlich der modalen Beschreibung als systematische Fehler auswirken. Allenfalls in Bild 6.13 ist die Anpassung an die Beschreibungsfunktion bei der Ermittlung der Parameter aus der kausal *Hilbert*-transformierten Funktion etwas besser.

Da bei dieser Art von Nichtlinearität die linearen Anteile von nichtlinearen getrennt werden können (Gl.6.1) kann mit Hilfe von **Tab.6.2** die Verbesserung der ermittelten Parameter durch Anwendung der HT_c quantifiziert werden.

Parameterermittlung aus:	Punkte	Δf_e	ΔD_e	$\Delta Re(\underline{B}_e)$
Beschreibungsfunktion	15	+29%	-64%	-72%
Hilbert-transformierte Fkt.	15	+30%	-55%	-68%
Beschreibungsfunktion	29	+24%	-50%	-48%
Hilbert-transformierte Fkt.	29	+26%	-41%	-44%

Tab.6.2: Abweichungen der ermittelten modalen Parameter von den Parametern des zugehörigen linearen Systems (kubische Federkennlinie)

Tab.6.2 enthält einen Vergleich der aus der Beschreibungsfunktion und der aus der kausal *Hilbert*-transformierten Beschreibungsfunktion ermittelten modalen Parameter mit den Parametern des zugehörigen linearen Systems (für $\varepsilon = 0$). Bis auf den Parameter Eigenfrequenz, dessen Wert sich geringfügig verschlechtert, ist bei allen übrigen Parametern eine Verbesserung nach Anwendung der HT_c festzustellen.

Die **Bilder 6.14 und 6.15** zeigen die zu den Bildern 6.12 und 6.13 analogen Ergebnisse für den Fall der Dämpfungsnichtlinearität (Kraftamplitude = 10 N). Der Nullpunktversatz des Ortskurvenkreises ist bei der Parameterermittlung aus der kausal *Hilbert*-transformierten Funktion etwas geringer.

Da sich der lineare Anteil des Systems bei dieser Art Nichtlinearität nicht in der einfachen Weise wie bei dem Ansatz für die kubische Federcharakteristik abspalten läßt, sei auf die Angabe der modalen Parameter verzichtet. Die Werte für die ermittelten Eigenfrequenzen sind bei der Berechnung aus den kausal Hilbert-transformierten Funktionen etwas genauer.

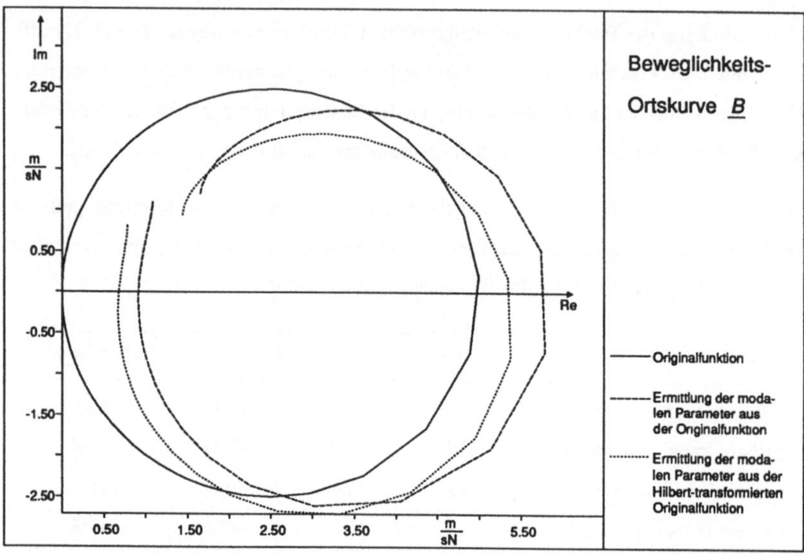

Bild 6.12: Einfluß der Anwendung der HT_c auf die Güte der Ermittlung modaler Parameter (15 Punkte in Ausgleichsrechnung verwendet) bei kubischer Federnichtlinearität

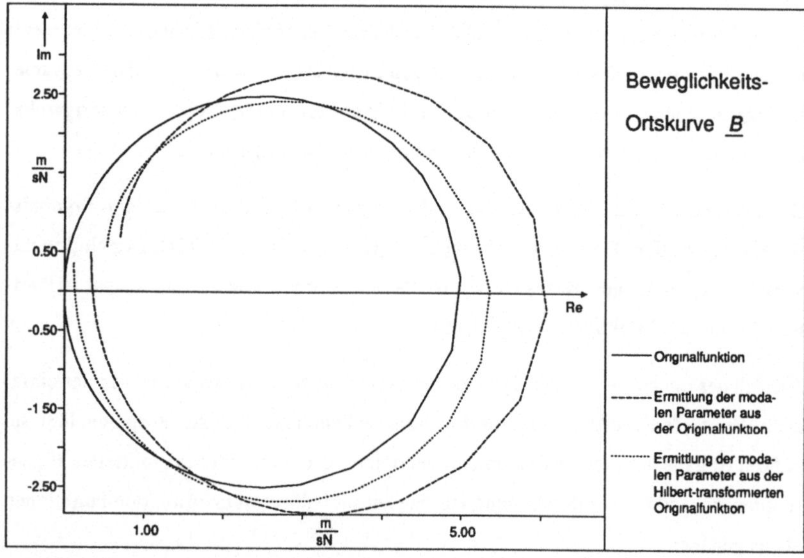

Bild 6.13: wie Bild 6.12, jedoch 29 Punkte in der Ausgleichsrechnung verwendet

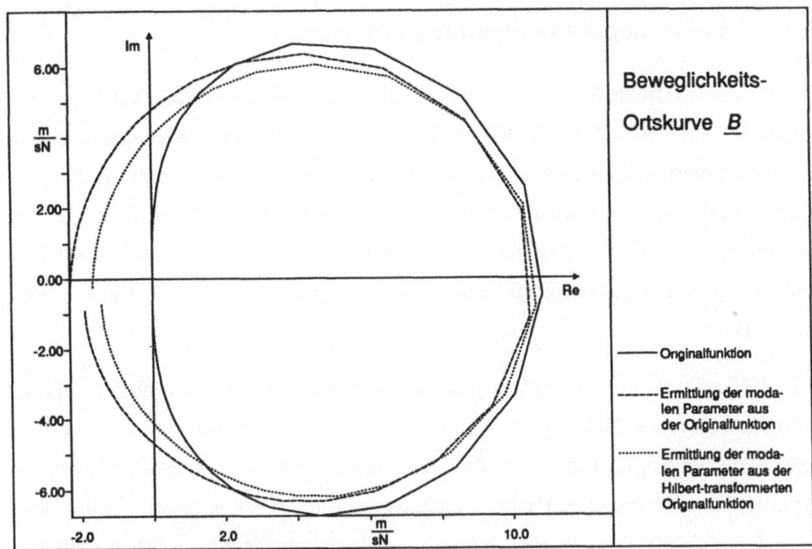

Bild 6.14: Einfluß der Anwendung der HT_c auf die Güte der Ermittlung modaler Parameter (15 Punkte in der Ausgleichsrechnung verwendet) bei quadratischer Dämpfungsnichtlinearität

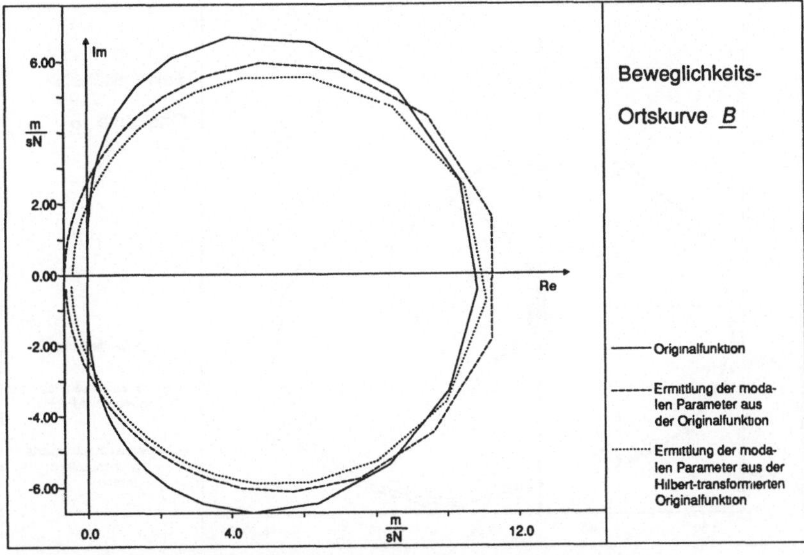

Bild 6.15: wie Bild 6.14, jedoch 29 Punkte in der Ausgleichsrechnung verwendet

6.6.   Anwendung auf verrauschte Funktionen

Da statistisch verteilte Störungen in Beweglichkeitsfunktionen nichtkausale Signalanteile zur Folge haben, kann die HT_c auch zur Glättung von verrauschten gemessenen Frequenzgängen eingesetzt werden. Falls der Rauschanteil gering ist, ist die Anwendung der HT_c allerdings nachteilig, wenn die durch die Transformation eingebrachten systematischen Fehler größer als die zufällig verteilten Meßfehler sind. In solchen Fällen können Standardglättungsverfahren wie z.B. gleitende Mittelwertbildung Vorteile bieten.

Bild 6.16 zeigt als Anwendungsbeispiel eine synthetisch erzeugte Beweglichkeitsfunktion, die durch einen Zufallsgenerator mit Normalverteilung verrauscht wurde, im Vergleich mit der kausal *Hilbert*-transformierten dieser Funktion. Weiterhin ist auch die originale, nicht verrauschte Funktion eingezeichnet. Es ist festzustellen, daß die Glättung durch die HT_c nur teilweise gelingt, da solche Störungen offensichtlich nicht notwendigerweise Nichtkausalitäten zur Folge haben, was in ähnlicher Weise auch bei Nichtlinearitäten festzustellen war.

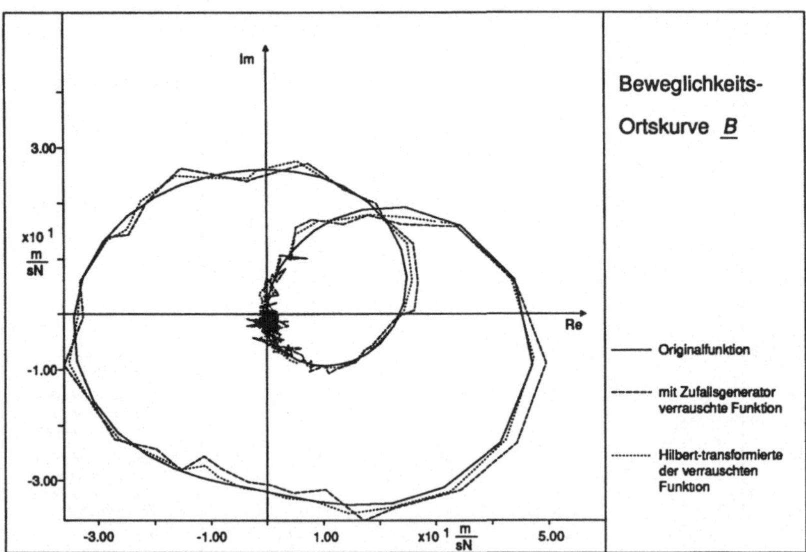

Bild 6.16: Glättung durch Anwendung der HT_c bei verrauschten Funktionen

6.7. Praktische Anwendung und zusammenfassende Bemerkungen

Trotz der genannten Einschränkungen kann eine Anwendung der HT_c in der Praxis sinnvoll sein, wenn an einem Objekt starke Nichtlinearitäten auftreten oder wenn die Messungen aufgrund ungünstiger Umgebungsbedingungen eine schlechte Qualität aufweisen bzw. stark verrauscht sind. Solche Probleme treten z.B. auf, wenn bei laufender
Maschine gemessen wird, oder wenn zur Messung die heute üblichen Beschleunigungs-
aufnehmer bei tiefen Frequenzen eingesetzt werden.

Als Anwendungsbeispiel sei wieder die in Abs.1.1. eingeführte Bettfräsmaschine herangezogen. Eine experimentelle Modalanalyse an dieser Maschine wurde bereits in
Abs.4.5. gezeigt. Für eine weitere Modalanalyse wurden dieselben Frequenzgänge vor
der erneuten Auswertung einer kausalen HT unterzogen. Anschließend wurden wieder
die modalen Parameter aus diesen Frequenzgängen mit dem Programm *ANALYSE* ermittelt.

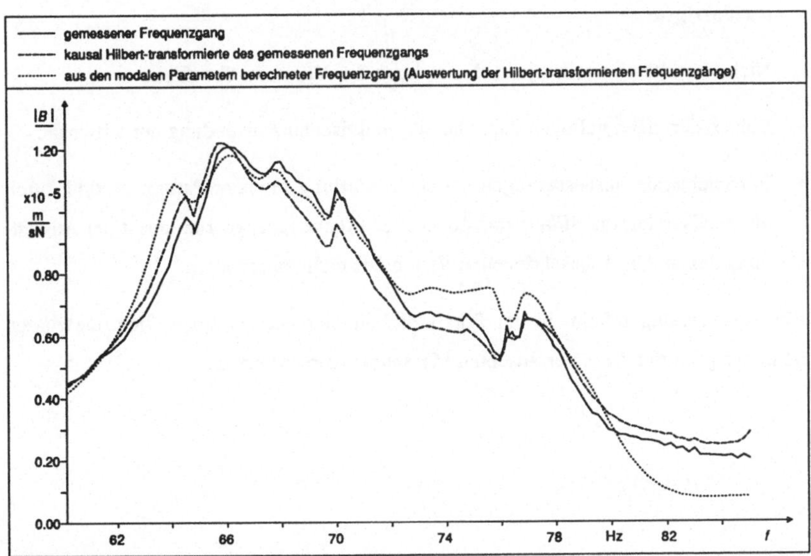

Bild 6.17: Kurvenanpassung bei Ermittlung modaler Parameter aus kausal *Hilbert*-transformierten Frequenzgängen

Da ein Vergleich der Ergebnisse sehr umfangreich und für eine eindeutige Aussage eine zu geringe Signifikanz hätte, sei als Beispiel wieder die Kurvenanpassung des Parametermodells im Vergleich zum originalen und dem kausal *Hilbert*-transformierten Frequenzgang an der in Bild 1.2 eingezeichneten Meßstelle angegeben (**Bild 6.17**).

Ein Vergleich mit Bild 4.24 zeigt, daß sich die Abweichungen des Parametermodells von Originalfunktion bzw. *Hilbert*-transformierter Funktion etwas verringern. Der Unterschied ist jedoch so klein, daß insgesamt nur von einem sekundären Einfluß der HT_c auf die Auswertung gesprochen werden kann. Andere Parameter, wie z.B. die Anzahl der Stützstellen für die im Programm *ANALYSE* durchgeführten Ausgleichsrechnungen, haben auf das Ergebnis einen größeren Einfluß.

Wie aus den letzten Abschnitten hervorgeht, ist die Anwendung der HT_c aus den folgenden Gründen problematisch:

- Abschneide- und Diskretisierungsfehler bei der Berechnung der DHT sind nicht vernachlässigbar.

- Nichtlinearitäten werden je nach Art durch die HT_c nur z.T. erfaßt.

- Linearisierungen gelingen daher bei der praktischen Anwendung nur teilweise.

- Entscheidende Verbesserungen bei der Ermittlung modaler Parameter sind durch die Analyse kausal *Hilbert*-transformierter Frequenzgänge zumindest bei Anwendung des in Abs.4. beschriebenen Verfahrens nicht zu erwarten.

Eine Anwendung scheint in der Praxis deshalb nur bei extremen Nichtlinearitäten und/oder gestörten bzw. verrauschten Messungen gerechtfertigt.

7.   Zusammenfassung

Die heutige Leistung kostengünstiger Digitalrechner, wie z.B. *Personal Computer (PC)* ermöglicht die Integration von Meßtechnik (Analog-Digital-Wandler) und Auswertesoftware in Standard-Hardware, die zudem auch in der Industrie zumeist bereits installiert ist, so daß Einarbeitungszeiten verkürzt und Investitionsmittel für dedizierte Anlagen, wie sie bisher üblich waren, eingespart werden können.

Daher wurde ein Softwaresystem konzipiert, welches speziell an die Hardwareeigenschaften von *PC*'s angepaßt wurde und zudem die im Werkzeugmaschinenbau relevante Forderung nach leichter Transportierbarkeit erfüllt. Im Rahmen dieses Konzepts wurde ein *Algorithmus zur Identifikation modaler Parameter* vorgestellt, der in der Lage ist, anhand gemessener Beweglichkeitsfunktionen mit variabler Frequenzstützstellenweite eine große Anzahl modaler Parameter in einem Durchlauf parallel zu ermitteln.

Das Verfahren beruht auf Näherungslösungen zur Anpassung der Parameter umgeformter Standardfunktionen, die - in ein Iterationsverfahren integriert - gegen die exakte Lösung des Identifikationsproblems konvergieren. Ein Nachweis für die Konvergenz wurde für einige konkrete Anwendungsfälle empirisch erbracht. Die Näherungsverfahren zur Ermittlung der Parameter einer Standardfunktion sind modular austauschbar, so daß wahlweise verschiedene Modelle z.B. für die Dämpfung abrufbar sind. Durch eine spezielle Art der Programmierung wurde erreicht, daß zur Ermittlung der globalen Parameter Eigenfrequenz und Dämpfung eine statistische Auswertung aller Beweglichkeitsfunktionen iterativ erfolgt.

Da das Verfahren Näherungen für die Eigenfrequenzen als Vorgabe benötigt, wurde ein einfaches Verfahren zur Eigenfrequenzerkennung und -bewertung vorgestellt, welches die notwendigen Daten für das Identifikationsprogramm liefert.

Im zweiten Teil der Arbeit wurden einige Aspekte der *kausalen Hilbert-Transformation* angesprochen. Hierbei zeigte sich, daß die Anwendung z.T. problematisch ist. Die in der Praxis auftretenden Abschneidefehler, die auch durch Korrekturverfahren nur unzureichend eliminiert werden können, wirken sich in ungünstigen Fällen so stark aus, daß Nichtlinearitäten anhand der Differenzfunktion zwischen Original- und Bildfunktion nicht mehr eindeutig von solchen Fehlern unterschieden werden können.

Weiterhin wurde eine Linearitätsfaktorfunktion eingeführt, mit deren Hilfe Nichtlinearitäten in vielen Fällen angezeigt werden können. Bei einer bestimmten Art von Nichtlinearität (z.B. Dämpfung) kann die Anwendung in Kombination mit der *kausalen Hilbert-Transformation* Vorteile bringen.

Schließlich wurde an einfachen Beispielen gezeigt, daß die Linearisierungseigenschaften der *kausalen Hilbert-Transformation* sehr begrenzt sind. Die Verbesserung der Ermittlung modaler Parameter mit dem oben beschriebenen Verfahren ist nach Anwendung der Transformation in den Testbeispielen gering, eine verallgemeinernde Aussage hierüber war jedoch nicht möglich. Ein Einsatz der *kausalen Hilbert-Transformation* scheint aufgrund dieser Ergebnisse nur bei verrauschten und/oder stark nichtlinearen Beschreibungsfunktionen empfehlenswert.

Die praktische Anwendung der experimentellen Modalanalyse bleibt ein komplexes Arbeitsgebiet, zu dessen erfolgreicher Bewältigung große Erfahrung seitens des Anwenders Bedingung ist. Noch immer gibt es keine idealen Test- und Auswertemethoden, die unbesehen in jedem Fall eingesetzt werden können. Weitere Anstrengungen in Meß- und Auswertetechnik sind nötig, um immer komplexer werdenden Anforderungen gerecht zu werden.

8. Literaturverzeichnis

[1] Weck, M.,
K. Teipel

Dynamisches Verhalten spanender Werkzeugmaschinen.
Berlin-Heidelberg-New York: Springer-Verlag 1977

[2] Milberg, J.

Analytische und experimentelle Untersuchungen zur Stabilitätsgrenze bei der Drehbearbeitung.
Dissertation TU Berlin 1971

[3] Lysen, H.W.

Zusammenfassende Auswertung der bisherigen Forschungsergebnisse auf dem Gebiet der selbsterregten Schwingungen an Werkzeugmaschinen.
Maschinenmarkt Würzburg, (1961) Nr. 10

[4] Opitz, H.,
R. Piekenbrink,
W. Hölken

Schwingungsuntersuchungen an Werkzeugmaschinen.
Forschungsberichte des Landes Nordrhein-Westfalen, Nr. 384, Köln und Opladen: Westdeutscher Verlag 1958

[5] Eisele, F.,
H. Lysen

Geräte und Methoden zur Ermittlung der dynamischen Steifigkeit (Dynresistenz) im Gesamtaufbau einer Werkzeugmaschine.
Maschinenmarkt (Werkzeugmaschinenpraxis), (1953) Nr. 36

[6] Lysen, H.W.

Der heutige Stand des dynamischen Steifigkeitsmeßverfahrens.
3. FoKoMa, München 29.-30. Okt. 1957, Maschinenmarkt (Werkzeugmaschinenpraxis), (1959) Nr. 27 und (1959) Nr. 35

[7] Natke, H.G.

Einführung in Theorie und Praxis der Zeitreihen- und Modalanalyse: Identifikation schwingungsfähiger elastomechanischer Systeme.
Braunschweig Wiesbaden: Vieweg Verlag 1983

[8] Allemang, R.J.

Classification Methods for Experimental Modal Analysis.
Proceedings of the 13th Int. Seminar on Modal Analysis K.U. Leuven Belgium 19. Sept - 23. Sept. 1988

[9] Lewis, R.C.,
D.L. Wrisley

A System for the Excitation of Pure Natural Modes of Complex Structures.
Journal of Aeronautical Sciences, Bd. 17 (1950) Nr. 11, S. 705/22

[10] Lembregts, F.,
P. Sas,
H. van der Auweraer

Integrated Stepped Sine Modal Analysis.
Proceedings of the 11th Int. Seminar on Modal Analysis K.U. Leuven Belgium 22. Sept - 25. Sept. 1986

[11] Williams, R.,
H. Vold

The Multi-Phase-Step-Sine Method for Experimental Modal Analysis.
Proceedings of the 11th Int. Seminar on Modal Analysis K.U. Leuven Belgium 22. Sept - 25. Sept. 1986

[12] Fillod, R.,
G. Lallement,
J.L. Piranda
u.a.

Identification Using a Variable Phase Multipoint Excitation.
Proceedings of the 11th Int. Seminar on Modal Analysis K.U. Leuven
Belgium 22. Sept - 25. Sept. 1986

[13] Deblauwe, F.,
D. Brown,
H. Vold

A Parameter Estimation Algorithm for Spatial Sine Testing.
Proceedings of the 13th Int. Seminar on Modal Analysis K.U. Leuven
Belgium 19. Sept - 23. Sept. 1988

[14] Adcock, J.,
R. Potter

A Frequency Domain Curve Fitting Algorithm with Improved Accuracy.
Proceedings, Int. Modal Analysis Conference 1985

[15] Richardson, M.,
D.L. Formenti

Parameter Estimation from Frequency Response Measurements Using Rational Fraction Polynomials.
Proceedings, Int. Modal Analysis Conference 1982

[16] Vold, H.

Orthogonal Polynomials in the Polyreference Method.
Proceedings of the 11th Int. Seminar on Modal Analysis K.U. Leuven
Belgium 22. Sept - 25. Sept. 1986

[17] Van Der Auweraer, H.,
J.M. Leuridan

Multiple Input Orthogonal Polynomial Parameter Estimation.
Proceedings of the 11th Int. Seminar on Modal Analysis K.U. Leuven
Belgium 22. Sept - 25. Sept. 1986

[18] Zhang, L.,
H. Kanda,
D.L. Brown
u.a.

A Polyreference Frequency Domain Method for Modal Parameter Identification.
ASME Paper, (1985) Nr. 85-DET-106

[19] Lembregts, F.,
R. Snoeys,
J. Leuridan

Multiple Input Modal Analysis of Frequency Response Functions Based on Direct Parameter Identification.
Proceedings of the 10th Int. Seminar on Modal Analysis K.U. Leuven
Belgium 30. Sept - 4. Oct. 1985

[20] Prony, R.

Essai Experimental et Analytique sur les Lois de la Dilatabilité des Fluides Elastiques et sur Celles de la Force Expansive de la Vapeur de l'eau et de la Vapeur de l'Alkool à Differentes Temperatures.
Journal de l'École Polytechnique (Paris), Bd. 1 (1795) Nr. 2

[21] Yang, Yongxin

A Time Domain Identification Technique: The Oversized Eigenmatrix (OEM) Method.
Transactions of the ASME, Journal of Vibration, Acoustics, Stress, and Reliability in Design, Bd. 107 (1985) Nr. 1, S. 53/59

[22] Ibrahim, S.R.,
      E.C. Mikulcik

A Method for the Direct Identification of Vibration Parameters from the Free Response.
Shock and Vibration Bulletin, Bd. 47 (1977) Nr. 4

[23] Pappa, R.S.

Some Statistical Performance Characteristics of the 'ITD' Modal Identification Algorithm.
AIAA Paper, (1982) Nr. 82-0768

[24] Vold, H.,
      J. Kundrat,
      T. Rocklin
      u.a.

A Multi-Input Modal Estimation Algorithm for Mini-Computers.
SAE Paper, (1982) Nr. 82-0194

[25] Pappa, R.S.,
      J.N. Juang

An Eigensystem Realization Algorithm (ERA) for Modal Parameter Identification.
NASA-JPL Workshop, Identification and Control of Flexible Space Structures (Pasadena, CA.), (1984)

[26] Juang, J.-N.,
      H. Suzuki

An Eigensystem Realization Algorithm in Frequency Domain for Modal Parameter Identification.
Transactions of the ASME, Journal of Vibration, Acoustics, Stress, and Reliability in Design, Bd. 110 (1988) Nr. 1, S. 24/29

[27] Prevosto, M.,
      M. Olagnon,
      A. Benveniste

ARMA Modelisation, a Solution to Modal Parameter Estimation.
Proceedings of the 11th Int. Seminar on Modal Analysis K.U. Leuven Belgium 22. Sept - 25. Sept. 1986

[28] Pandit, S.M.,
      N.P. Mehta

Data Dependent Systems Approach to Modal Analysis Via State Space.
Journal of Dynamic Systems, Measurement, and Control, Bd. 107 (1985) Nr. 6

[29] Link, M.,
      A. Vollan

Identification of Structural System Parameters from Dynamic Response Data.
Zeitschrift für Flugwissenschaften u. Weltraumforschung Bd. 2 (1978), S. 165/74

[30] Fritzen, C.

Identification of Mass, Damping, and Stiffness Matrices of Mechanical Systems.
ASME Publication, (1985) Nr. 85-DET-91

[31] Natke, H.G.

Ein Verfahren zur rechnerischen Ermittlung der Eigenschwingungsgrößen aus den Ergebnissen eines Schwingungsversuches in einer Erregerkonfiguration.
Dissertation TU München 1968

[32] Satyamurty, S.

Beitrag zur Methodik der Beschreibung und Ermittlung des dynamischen Verhaltens von Werkzeugmaschinen.
Dissertation TU München 1972

[33] Wittmeyer, H.

Parameteridentifikation bei Strukturen mit benachbarten Eigenfrequenzen, speziell bei Standschwingungsversuchen.
Zeitschrift für Flugwissenschaften u. Weltraumforschung Bd. 6 (1982) Nr. 2, S. 80/90

[34] Looser, W.

Modalanalyse und Modifikationsrechnung.
Dissertation ETH Zürich 1983

[35] Wang, S.,
H. Sato,
M. O-Hori

New Approaches to the Modal Analysis for Machine Tool Structure.
Transactions of the ASME, Journal of Engineering for Industry, Bd. 106 (1984) Nr. 2, S. 40/47

[36] Drachman, B.,
E. Rothwell

A Continuation Method for Identification of the Natural Frequencies of an Object Using a Measured Response.
IEEE Transactions on Antennas and Propagation, Bd. AP-33 (1985) Nr.4, S. 445/50

[37] Jezequel, L.

Three New Methods of Modal Identification.
Transactions of the ASME, Journal of Vibration, Acoustics,Stress, and Reliability in Design, Bd.108 (1986) Nr. 1, S. 17/25

[38] Füllekrug, U.

Strukturdynamische Identifikation im Zeitbereich: Ermittlung modaler Parameter auf der Basis erzwungener Schwingungen.
Zeitschrift für Flugwissenschaften u. Weltraumforschung Bd. 11 (1987), S. 214/20

[39] Deblauwe, F.,
K. Fukuzono,
R. Rost

Comparison between the Multiple Reference Ibrahim Technique and the Polyreference Time Domain Technique.
Proceedings of the 12th Int. Seminar on Modal Analysis K.U. Leuven Belgium 21.-24. Sept. 1987

[40] Deblauwe, F.,
C. Shih,
R. Rost
u.a.

Survey of Parameter Estimation Algorithms Applicable to Spatial Domain Sine Testing.
Proceedings of the 12th Int. Seminar on Modal Analysis K.U. Leuven Belgium 21.-24. Sept. 1987

[41] Allemang, R.J.,
D.L. Brown

A Review of Modal Parameter Concepts.
Proceedings of the 11th Int. Seminar on Modal Analysis K.U. Leuven Belgium 22. Sept - 25. Sept. 1986

[42] Leuridan, J.,   Global Modal Parameter Estimation Methods: An Assessment of Time
      J. Lipkens,   versus Frequency Domain Implementation.
      H. van der Auweraer   Proceedings of the 10th Int. Seminar on Modal Analysis K.U. Leuven
      u.a.   Belgium 30. Sept - 4. Oct. 1985

[43] Brown, D.L.,   Parameter Estimation Techniques for Modal Analysis.
      R.J. Allemang,   Proceedings of the 10th Int. Seminar on Modal Analysis K.U. Leuven
      R. Zimmerman   Belgium 30. Sept - 4. Oct. 1985
      u.a.

[44] Mergeay, M.   General Review of Parameter Estimation Methods Used by Modal
      Analysis.
      Proceedings of the 10th Int. Seminar on Modal Analysis K.U. Leuven
      Belgium 30. Sept - 4. Oct. 1985

[45] Ibrahim, S.R.   Modal Identification Techniques Assessment and Comparison.
      Proceedings of the 10th Int. Seminar on Modal Analysis K.U. Leuven
      Belgium 30. Sept - 4. Oct. 1985

[46] Van der Auweraer, H.   Development and Evaluation of Advanced Measurement Methods for Experimental Modal Analysis.
      Dissertation (Proefschrift) K.U. Leuven, Belgien 1987

[47] Rajaram, S.   Identification of Vibration Parameters of Flexible Structures.
      Dissertation, Faculty of the Virginia Polytechnic Institute and State University 1984

[48] Fillod, R.,   Is a structure non linear? If yes, how perform it's modal identification?.
      G. Lallement,   Proceedings of the 10th Int. Seminar on Modal Analysis K.U. Leuven
      J. Piranda   Belgium 30. Sept - 4. Oct. 1985

[49] Natke, H.G.   Zur Identifikation mechanischer Systeme.
      Dynamische Probleme, Vorträge der Tagung am 4. und 5. Okt. 1984, Mitteilung des Curt-Risch-Instituts der Universität Hannover

[50] Cottin, N.   Versuchsoptimierung für die parametrische Identifikation linearer elastomechanischer Systeme - Parameteranpassung des Rechenmodells -.
      Dynamische Probleme, Vorträge der Tagung am 1. und 2. Okt. 1987, Mitteilung des Curt-Risch-Instituts der Universität Hannover

[51] Làng, G.F.   Modal Testing Principles.
      Solartron Instruments, Technical report, (1987) Nr. 023

[52] Bugeat, L.P.,   A Method to Match Calculated and Identified Modal Parameters of Me-
      J. Lombard   chanical Structures.
                           Annals of the CIRP Bd. 30/1 (1981), S. 285/88

[53] Popp, K.   Gegenüberstellung des Verhaltens von linearen und nichtlinearen
                           Systemen.
                           Symposium Nichtlineare Strukturdynamik, ETH Zürich, 20./21. Okt.
                           1986

[54] Sabotke, J.   Erkennen und Erfassen von Nichtlinearitäten im dynamischen Verhalten
                           von Werkzeugmaschinen.
                           VDI Verlag, Reihe 11: Schwingungstechnik Nr. 102

[55] Tomlinson, G.   A Comparison of Procedures for Identifying Nonlinear Systems without
                           A-Priori Information.
                           Proceedings of the 13th Int. Seminar on Modal Analysis K.U. Leuven
                           Belgium 19. Sept - 23. Sept. 1988

[56] Vinh, T.   Identification of Nonlinearities.
                           Symposium Nichtlineare Strukturdynamik, ETH Zürich, 20./21. Okt.
                           1986

[57] De Spiegeleir, E.,   The Complex Stiffness Method to Detect and Identify Nonlinear Dynamic
      M. Mertens,   Behaviour.
      P. Vanherck   Proceedings of the 12th Int. Seminar on Modal Analysis K.U. Leuven
      u.a.   Belgium 21.-24. Sept. 1987

[58] Vanherck, P.,   Parametric Identification of Non-Linear Systems.
      H. van Brussel,   Proceedings of the 13th Int. Seminar on Modal Analysis K.U. Leuven
      M. Mertens   Belgium 19. Sept - 23. Sept. 1988
      u.a.

[59] Frachebourg, A.,   Comparison of Excitation Signals: Sensitivity to Nonlinearity and Ability
      P.E. Gygax   to Nonlinear Behaviour.
                           Proceedings of the 10th Int. Seminar on Modal Analysis K.U. Leuven
                           Belgium 30. Sept - 4. Oct. 1985

[60] Gygax, P.E.   Experimentelle Testprozeduren: Übersicht über Probleme und Verfahren
                           bei Frequenzgangmessungen.
                           Symposium Nichtlineare Strukturdynamik, ETH Zürich, 20./21. Okt.
                           1986

[61] Isermann, R.   Identifikation dynamischer Systeme.
Bd. 1 und 2; Berlin Heidelberg New York London Paris Tokyo: Springer-Verlag 1988

[62] Profos, P.   Einführung in die Systemdynamik.
Stuttgart: B. G. Teubner Verlag 1982

[63] Guicking, D., E. Meyer   Schwingungslehre.
Braunschweig: Vieweg Verlag 1974

[64] Kücükay, F.   Über das dynamische Verhalten von einstufigen Zahnradgetrieben.
Dissertation TU München 1981

[65] Müller, R.D.   Statische und dynamische Analyse von Werkzeugmaschinenantrieben.
Dissertation TU München 1980

[66] Caughey, T.K.   Classical Normal Modes in Damped Linear Systems.
Journal of applied Mechanics, (1960) Nr. 6, S. 269/71

[67] Wilson, E.L., J. Penzien   Evaluation of Orthogonal Damping Matrices.
Int. J. f. Numerical Methods in Engineering, Bd. 4 (1972) Nr.12, S. 5/10

[68] Summer, H.   Modellbildung zur Berechnung des statischen und dynamischen Verhaltens von verzweigten Antriebsstrukturen mittels modaler Beschreibung.
Dissertation TU München 1985

[69] Ewins, D.J.   Modal Testing: Theory and Practice.
Research Studies Press Ltd. 1984

[70] Milberg, J., P. Eibelshäuser, P. Kirchknopf   Experimentelle Bestimmung der Steifigkeit nichtbeweglicher Fugenverbindungen.
VDI-Z Bd. 128 (1986) Nr. 5, S. 161/66

[71] Bandstra, J.P.   Comparison of Equivalent Viscous Damping and Nonlinear Damping in Discrete and Continous Vibrating Systems.
Transactions of the ASME, J. of Vibration, Acoustics, Stress, and Reliability in Design, Bd. 105 (1983) Nr. 7, S. 382/92

[72] Niedbal, N.   Updating a finite-element model by means of normal mode parameters.
Proceedings of the 13th Int. Seminar on Modal Analysis K.U. Leuven Belgium 19.-23. Sept. 1988

[73] Eckstein, R.   Beurteilung der statischen Last-Verformungseigenschaften von Werkzeugmaschinen mit Hilfe der quasistatischen Meßtechnik.
Dissertation TH Aachen 1987

[74] Späth, H.   Algorithmen für multivariable Ausgleichsmodelle.
                         München Wien: R. Oldenbourg Verlag 1974

[75] Schwarz, H.R.,   Matrizen-Numerik (Numerik symmetrischer Matrizen).
     H. Rutishauser,   Stuttgart: B.G. Teubner Verlag 1972
     E. Stiefel

[76] Brandt, S.   Datenanalyse
                         Mannheim-Wien-Zürich: B.I.-Wissenschaftsverlag 1981

[77] -   IMSL: Problem-Solving Software System
                         For Mathematical and Statistical FORTRAN Programming.
                         IMSL Sales Division, Houston, Texas

[78] Jezquel, L.   Three New Methods of Modal Identification.
                         Transactions of the ASME, J. of Vibration, Acoustics, Stress, and Relia-
                         bility in Design, Bd. 108 (1983) Nr. 1, S. 17/25

[79] -   European Modal Analysis User's Group (EMAUG)
                         z. Zt. unter Vorsitz von Niedbal, N., DFVLR Göttingen

[80] Williams, R.,   The Multi Phase-Step-Sine Method for Experimental Modal Analysis.
     H. Vold   Proceedings of the 11th Int. Seminar on Modal Analysis K.U. Leuven
                         Belgium 22. Sept - 25. Sept. 1986

[81] Klotter, K.   Technische Schwingungslehre, Bd. 1: Einfache Schwinger, Teil B: Nicht-
                         lineare Schwingungen.
                         Berlin Heidelberg New York: Springer Verlag 1980

[82] Vinh, T.,   New Approach of Non-Linear System by Special Integral Transform
     A. Haoui,   (Linearization and Identification of Non-Linearities).
     B.J. Fei   Annals of the CIRP Bd. 34/1 (1985)
     u.a.

[83] Thrane, N.   The Hilbert Transform.
                         Bruel & Kjaer Technical Review, (1984) Nr.3

[84] Haoui, A.   Transformées de Hilbert et applications aux systèmes non lineaires.
                         Thèse de Docteur Ingénieur, Institut Supérieur des Materiaux et de la Con-
                         struction Mécanique, St. Ouen 1984

[85] Bronstein, I.N.,   Taschenbuch der Mathematik.
     K.A. Semendjajew   Zürich und Frankfurt/Main: Verlag Harri Deutsch 1975

[86] Sorensen, H.V.,   Real-Valued Fast Fourier Transform Algorithms.
      M.T. Heideman   IEEE Transactions on Acoustics, Speech, and Signal Processing,
                         Bd. ASSP-35 (1987) Nr. 6, S. 849/63

[87] Cooley, J.W.,   An Algorithm for Machine Calculation of Complex Fourier Series.
      J.W. Tukey   Math. Computation, Bd. 19 (1965) Nr. 4, S. 297/301

[88] Evans, D.M.W.   An Improved Digit-Reversal Permutation Algorithm for the Fast Fourier
                         and Hartley Transforms.
                         IEEE Transactions on Acoustics, Speech, and Signal Processing,
                         Bd. ASSP-35 (1987) Nr. 8, S. 1120/25

[89] Kirshenboim, J.,   A Method for Recognizing Structural Nonlinearities in Steady-State Har-
      D.J. Ewins   monic Testing.
                         Journal of Vibration, Acoustics, Stress, and Reliability in Design,
                         Bd. 106 (1984) Nr. 1, S. 49/52

[90] Sachs, L.   Angewandte Statistik.
                         Berlin-Heidelberg-New York-Tokyo: Springer-Verlag 1984

iwb Forschungsberichte

Berichte aus dem Institut für Werkzeugmaschinen und Betriebswissenschaften
der Technischen Universität München

Herausgeber: Prof. Dr.-Ing. J. Milberg

---

12 Reinhart, G.
Flexible Automatisierung der Konstruktion
und Fertigung elektrischer Leitungssätze
1988, 112 Abb. 197 Seiten, ISBN 3-540-19003-1   73,- DM

13 Bürstner, H.
Investitionsentscheidung in der rechnerintegrierten
Produktion
1988, 77 Abb. 190 Seiten, ISBN 3-540-19099-6   73,- DM

14 Groha, A.
Universelles Zellenrechnerkonzept für flexible Fertigungssysteme
1988, 74 Abb. 153 Seiten, ISBN 3-540-19182-8   73,- DM

15 Riese, K.
Klipsmontage mit Industrierobotern
1988, 92 Abb. 150 Seiten, ISBN 3-540-19183-6   73,- DM

16 Lutz, P.
Leitsysteme für rechnerintegrierte Auftragsabwicklung
1988, 44 Abb. 144 Seiten, ISBN 3-540-19260-3   73,- DM

17 Klippel, C.
Mobiler Roboter im Materialfluß eines flexiblen Fertigungssystems
1988, 86 Abb. 164 Seiten, ISBN 3-540-50468-0   73,- DM

18 Rascher, R.
Experimentelle Untersuchungen zur Technologie der Kugelherstellung
1989, 110 Abb. 200 Seiten, ISBN 3-540-51301-9   73,- DM

19 Heusler, H.-J.
Rechnerunterstutzte Planung flexibler Montagesysteme
1989, 43 Abb. 154 Seiten, ISBN 3-540-51723-5   73,- DM

Die Bande sind im Erscheinungsjahr und in den folgenden drei Kalenderjahren
zu beziehen durch den ortlichen Buchhandel
oder durch Lange & Springer, Otto-Suhr-Allee 26-28, D-Berlin 10